おおすみ事件

輸送艦・釣船衝突事件の真相を求めて

大内　要三

本の泉社

はじめに

　1998年に就役した大型輸送艦「おおすみ」は、海上自衛隊では初の航空母艦型の船だ。文字で説明するより映像を見れば分かりやすいが【図1】、艦首から艦尾まで通じた全通甲板を持ち、甲板上にそびえ立つ艦橋（ブリッジ）は右舷側に偏って、甲板を広く使えるようにしている。確かにこの形だけ見れば航空母艦と見紛うが、実際には戦闘機を発着させる機能はなく、自衛隊員と装備を運んで揚陸する輸送艦だ。「おおすみ型」はさらに同型艦として「しもきた」「くにさき」が建造された。

　この航空母艦型を引き継ぎ、さらに大型化したヘリコプター搭載型護衛艦「ひゅうが」と「いせ」は国際的には「ヘリ空母」、軽空母として扱われる。そして、より大型のヘリ搭載型護衛艦「いずも」「かが」に至って、戦闘機を載せる本物の航空母艦への改造計画が進行している。

　その「おおすみ」が2014年1月15日の朝、定係港（母港）の呉から定期点検で玉野に向かう途中で釣船「とびうお」に衝突し転覆させた。「おおす

図1　海上自衛隊の輸送艦「おおすみ」。全長178メートル、基準排水量8900トンの大型艦。航空母艦型の広い甲板をもつ。 海上自衛隊HPより

み」は全長 178 メートルの大型艦、「とびうお」は全長 7.6 メートルのプレジャーボート【図2】だ。「とびうお」に乗っていて海に投げ出されたのち救助された4人のうち2人は、その夜のうちに亡くなった。ここから始まり、7年が過ぎても終わっていない「おおすみ事件」について、まず簡単に経過を説明しておきたい。

「終わっていない」と強調しなければならないのは、不起訴すなわち「おおすみ」にお咎めなしと決まった時点でマスメディアの報道は広島現地を除いてはほぼなくなったが、遺族らが国家賠償請求の民事訴訟を提起したのちに新たな証拠が次々と出て来て、不起訴の不当性が明らかになってきたからだ。

「おおすみ」は 17.4 ノット（時速約 32.2 キロメートル）と、大型艦としては海上交通の輻輳する瀬戸内海ではかなりの高速で「とびうお」の後方から接近していた。衝突原因の追及で困難だったのは、「おおすみ」は AIS（船舶自動識別装置）記録で航跡がたどれるが、「とびうお」は小型船なので AIS 装置を持たず、GPS（人工衛星により現在位置を示すシステム）記録も機器の水没により失われていたことだった。「とびうお」がどのように航行

図2　陸揚げされた「とびうお」。全長 7.6 メートルのプレジャーボート。
　　　運輸安全委員会の船舶事故調査報告書より

したかの正確な記録がない。

　国土交通省運輸安全委員会は2015年1月29日に詳細な事故調査報告書を発表した。「おおすみ」のAIS記録、レーダー記録および乗員の供述と、近くの阿多田島からの目撃供述から、「とびうお」の右転を衝突原因と判断した。「とびうお」が「おおすみ」に自らぶつかっていくような形で衝突したと認定したことになる。近寄れば見上げるように大きな自衛艦に向けて舵を切るようなことがあり得るだろうか。

　海の交通事故は警察でなく海上保安庁が捜査する。その捜査記録をもとに広島地方検察庁は2015年12月25日、過失致死容疑で送検されていた「おおすみ」艦長、同当直士官、「とびうお」船長の3人を不起訴とし、つまり刑事裁判不要とした。直前に「とびうお」が右転をしたのが衝突原因であり、「おおすみ」はこれを予測できず回避もできなかった、という判断だった。

　翌年の2月5日になって防衛省も艦船事故調査報告書を発表した。「おおすみ」の運航に過失なしとしたので処分も発表されていない。

　検察のものも防衛省のものも発表文書はきわめて短く結論部分のみで、どのような捜査が行われたかは、発表時点では分からなかった。

　しかし前記の運輸安全委員会の報告に収録されている「おおすみ」艦橋の音響記録によれば、当直士官は衝突4分前には「とびうお」を要監視対象としていた。危険度をレーダー監視員に聞いたが、答えはなかった。見張員に「とびうお」が「こちらを視認しているか」と聞いたところ、14秒もたってから「視認している」と答えた。向こうがこちらを見ているなら当然避けるだろうと思ったのか、衝突1分12秒前まで衝突回避のため措置を何もせずに進んだ。

「とびうお」は「おおすみ」の前方60メートルの間隔を空けて交差するはずだったという。「おおすみ」の全長178メートルの3分の1の空間を空ければ交差しても安全、という感覚はとても信じられない。陸上交通では信号のない交差点で交差する場合、車体の長さの3分の1の間隔で交差しても大丈夫だと考える運転手がいるだろうか。

海上では道路上よりも摩擦力が働かず、急制動は効かない。船には自動車のブレーキに当たるものはないのでプロペラ（スクリュー）を逆回転させるが、一般に全速で航行する船は停止するまでに全長の7から9倍の距離を必要とするという。自衛艦の制動能力、旋回能力は民間船に勝るかもしれないが、ふつう数値は公表されていない。

　「とびうお」に乗っていてかろうじて助かった2人、遺族、そしてこれを支える広島の市民らで2014年7月26日に結成された「自衛艦"おおすみ"衝突事件の被害者を支援し、真相究明を求める会」は、刑事裁判なしに「とびうお」の右転を衝突原因とする幕引きに納得できなかった。公開の場での証言・証拠の吟味なしに結論を出していいのか。「とびうお」に乗っていて助かった2人は、口を揃えて「とびうおは直進していた、右転などしていない」と証言しているではないか。予定していた釣場にほぼ直進していた「とびうお」に、右転などする必然性はない。「真相究明を求める会」は刑事裁判の実現を求めて検察審査会に審査請求をしたが、不起訴相当、つまり刑事裁判はやはり不要との議決だった。

　事件の被害者と遺族は2016年5月25日、広島地方裁判所に国家賠償請求の民事訴訟を提起した。刑事裁判がない以上、このような形でしか事件の真相を明らかにする方法はない。本来、被害者・遺族も納得できる形で衝突原因が明らかになり、責任の所在が明らかにされ、適正な処罰がなされた上で賠償が行われるべきだった。

　裁判は2016年9月20日に始まった。この裁判で原告が請求して初めて提出された諸資料、とりわけ防衛省報告書全文と、海上保安庁捜査報告（＝刑事不起訴の判断材料）の主要部分は、「おおすみ」の過失を明白に示している。艦橋の音響記録を精査してみると、衝突1分20秒前に「やばい」の音声があり、54秒前に「避けられん」の音声がある。衝突後には「面舵回頭でけつあたったんやろ」の音声もある。

　海上保安庁の捜査報告のなかに、事故再現時の写真報告がある。「おおすみ」が衝突を避けようと面舵一杯を取った、つまり右転したときの上空か

らの写真では、「おおすみ」の艦尾は大きく左に振れている【図3】。キックという現象だ。このときに「とびうお」が転覆したとする鑑定書もある。「おおすみ」は、キックを利用して衝突を直前で避けようとするなら左転しなければならなかったのではないか。というよりは、「とびうお」は左前方に見えていたのだから、衝突のおそれありと正しく判断し、接近しないように早めに減速しなければならなかったのではないか。

　なぜこのような疑惑がありながら、検察は刑事裁判不要の判断をしたのか。なぜこのような証拠が国家賠償請求訴訟で原告が請求するまで隠蔽され、マスメディアの報道にまったく出て来なかったのか。

　2008年に自衛隊イージス艦が漁船に衝突して漁船の2人が行方不明になった「あたご事件」では、2013年に自衛隊側の無罪判決が確定した。以後、自衛艦が民間小型船に対して「そこのけ」運航をするのが一般的になっているとすれば問題だ。小型船は自衛艦から自衛するために逃げなければならないのか。

　海上交通では、国内法でも国際条約でも大型船優先の規定などなく、ま

図3　「おおすみ」が面舵一杯を取ったときの航跡。艦尾が大きく左に
　　　振れている。広島海上保安部による稼働検証時の報告書より

してや専用海域でも演習場でもない海で軍艦・自衛艦が民間船に優先する規定などあるわけがない。陸上交通で、大型車が小型車に優先する規定などないのと同じことだ。

　以下の章では、「おおすみ事件」の経過を追いながら、海の平和と安全について考えてみたい。

目 次

第1章　冬の朝、事件は起こった

第2章　事故原因は「とびうお」の右転？

第3章 「おおすみ」に咎めなしか

第4章 国家賠償請求訴訟が始まった

第5章　新たな証拠で分かったこと

第6章　証人尋問を経て結審へ

凡 例

引用について
・引用文の原典は、新聞記事、裁判文書、発表文書など多岐にわたり、それぞれに書式も表記も異なる。とくに断らない限り原典を尊重して元通りの表記とした。そのため地の文と引用部分では同じものが「釣船」と「釣り船」、「レーダー」と「レーダ」など、異なった表記になっている。
・引用文中の省略箇所は……で、改行省略箇所は／で示した。
・引用文中の著者による註釈は〔　〕で示した。

単位について
距離や速度を表す単位は引用原典により異なるが、換算表は以下のとおり。とくに陸上交通で使用するマイル（ランドマイル）と海上交通で使用する海里（シーマイル）では長さが違うので注意を要する。

$\quad$ 1 海里（シーマイル）＝ 1852 メートル

$\quad$ 1 マイル（ランドマイル）＝ 1609 メートル

$\quad$ 1 ヤード（yd）＝ 0.9144 メートル

$\quad$ 1 ノット（kn）＝時速 1 海里

本書で使用した主な略語
$\quad$ AAV7　水陸両用強襲輸送車 7 型　Assalt Amphibious Vehicle, model 7

$\quad$ AIS　船舶自動識別装置　Automatic Identification System

$\quad$ ARPA　自動衝突予防援助装置　Automatic Rader Plotting Aids

$\quad$ CIC　戦闘指揮所　Combat Information Center

$\quad$ CPA　最接近点　Closest Point of Approach

$\quad$ GPS　全地球測位システム　Global Positioning System

$\quad$ IMO　国際海事機関　International Maritime Organization

$\quad$ LCAC　エア・クッション型揚陸艇　Landing Craft Air Cushion

$\quad$ LST　戦車揚陸艇　Landing Ship, Tank

$\quad$ NATO　北大西洋条約機構　North Atlantic Treaty Organization

$\quad$ PKO　国連平和維持活動　Peace Keeping Operations

第 **1** 章

冬の朝、事件は起こった

「とびうお」は鯛を釣りに甲島沖へ

2014年1月15日。高森昶さんは朝早く家を出た。近所の釣り仲間とともに、甲島の近くまで出かけるつもりだった。マダイを狙うが、メバルやハゲ（ウマヅラハギ）も釣れるはずだ。冬の海は寒いので、しっかりと着込んだ。

マイカーを運転して、持ち船「とびうお」を係留しているボートパーク広島に向かう。乗用車の運転では国内Bライセンスのレーサー資格も得ている腕前で、全国を乗り回しており、公道での運転は慎重だ。モーターボートの操縦も同様と、仲間の信頼も厚い。小型船舶操縦士免状を得てから40年になり、月に2回は出航するベテランだ。

朝早くから伴侶を起こして弁当を作ってもらうのも気の毒なので、途中のコンビニで弁当と飲み物を買い込み、クーラーボックスに仕舞った。ボートパークには集合時間の7時少し前に着いた。釣場まではほぼ一直線、1時間余りで行けるだろう。

ボートパーク広島は、広島港とは川ひとつ隔てた広島市南吉島にある。単なる係留場ではない。駐車場、給油・給電・給水設備、製氷室、シャワー室、トイレ、ゴミステーション、フォークリフト、メンテナンス工場を備え、ボート購入の相談にも乗る、総合施設だ。小型プレジャーボート用の施設とはいえ、7メートルバースから14メートルバースまで、400隻を超える船を係留できる。同所には尾道海技学院（マリンテクノ）広島事務所もあって、小型船舶操縦士免許取得のための講習もしている。

この日の釣り仲間は全部で4人だった。伏田則人さん67歳、寺岡章二さん67歳、大竹宏治さん66歳。そして高森船長は67歳。いわゆる団塊世代、同年配だから話が合う。釣場で出会って親しくなり、前年には忘年会もしてカラオケにも行った。

高森さんの持ち船「とびうお」は長さ7.6メートル、総トン数5トン未満。操舵室・船室は狭いので全員は入れない。操縦する高森さん以外は甲板上

に大型のクーラーボックスを置き、そこに座った。伏田さんは操縦室前方左に前を向いて。寺岡さんは操縦室前方右に後ろを向いて。大竹さんは操縦室後方に【図4】。

　ボートパークを出たのは7時15分ごろだった。陽が昇るところで、晴れて視界は良い。風はほとんどなく、うねりはない。絶好の釣り日和だ。海上の気温は低いけれども、高森さんたちはこの季節に何度も釣りに出ているから、慣れている。

　予定した釣場の甲島付近には、ブイによって仕切られた、在日米軍岩国基地関連の立入禁止海域がある。この中にある姫小島は米軍の爆薬処理場として使われている。かつては砲撃訓練場としても使われ、島は削られて地図上よりも小さくなっているという。爆薬処理は日常的に行われているわけではないし、漁船や釣船は自由に入れないので、この海域とその周辺は魚影が濃いともいう。釣り情報などではたびたび紹介される釣場だ。ただし日によっては基地に発着するジェット戦闘機の爆音がうるさい。岩国基地の一部は岩国錦帯橋空港でもあり、羽田や那覇からの民間機の発着がある。

「とびうお」は南南西に向かって進み、奈佐美瀬戸（大奈佐美島と能美島の間）あたりで左前方を南西に向かう自衛隊の大型艦の前方を交差する形で追い越し、艦の左前方に出た。艦尾には「おおすみ」の艦名が見えた。甲板は見上げるように高い。高森船長は、この艦がまさか速度を上げて「とびうお」に追いつき、衝突することになるとは思いもよらなかっただろう。多数の島があり大小の船が縦横に動き回る瀬戸内海で、小回りのきかない

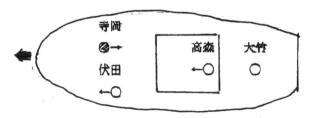

図4　「とびうお」には4人がこのように乗船していた。
　　寺岡章二作成

大型船は巡航速度以上の高速で航行するのは危険だ。

しかし衝突事故は起こった。

「おおすみ」は定期点検で玉野へ

2014年1月15日の朝。海上自衛隊の輸送艦「おおすみ」は定期点検のため、定係港の海上自衛隊呉基地から岡山県玉野市の三井造船玉野事業所へと向かっていた。ここの艦船工場で「おおすみ」は建造された。呉から玉野へは、本土と倉橋島の間の音戸瀬戸を通れば最短距離を行けるはずだが、この瀬戸は幅が狭いため大型艦の「おおすみ」は通れない。同じく倉橋島と能美島の間の早瀬瀬戸も通れない。遠回りになるが、江田島、能美島、倉橋島を大きく迂回して、左へ左へと回って行かねばならない。

7時45分ごろ、「おおすみ」は左転して180度、つまり真南に針路を変えた。艦橋にいた田中久行艦長（2等海佐）はこの左転の前から、左前方の小型船が気になり、運航の指揮を執る当直士官に当たっていた西岡秀樹航海長（2等海尉）にこの船に注意するよう伝えた（というが、該当する艦橋音響記録はない）。7時52分ごろ当直士官はこの小型船について、CICに「130度約1000ヤードの目標、測的始め」と指示した。CICは艦内にある戦闘指揮所（Combat Information Center）であって、ここからは外は見えないがレーダー監視をしている。CICでは実は当直士官から位置まで指示されたこの測的目標をレーダー画面上で特定できていなかったが、「ゴルフと呼称する」と答えたので、艦橋では後に「とびうお」と分かった小型船がゴルフ目標としてレーダー監視されているものと考えた。

自衛隊では聞き間違いによるトラブルを防ぐため、ABCを米軍やNATO軍と共通のフォネティック・コードで呼ぶ。Aはアルファ、Bはブラボー、Cはチャーリー、そしてGはゴルフ。艦橋音響記録によれば、「おおすみ」はこの航海で出港以後A以前にもXからZまでの目標記号をつけているから、G＝ゴルフ目標は10番目の要監視対象だった。目的地の

玉野はまだ遠い。それだけ瀬戸内海は海上交通が輻輳していたことになる。

艦橋には当直士官のほか、艦長や船務長、副直士官、操舵員、信号員、伝令など、扉を隔てた左右の見張員も含めると16人もの乗員がいた。5人の非当直者が「狭水道通過時の教育等の目的で」艦橋にいたためだ。当然、模範的な操艦をしなければならないはずだった。

艦橋でどのような指示や交話があったかは、艦橋音響等記録装置に録音・録画されている。「おおすみ」の音響記録は機器の性能が悪いためか、航行中は雑音が多いためか、まことに聞きづらいものだが、国土交通省運輸安全委員会の船舶事故調査報告書、海上保安庁の捜査記録、海上自衛隊の艦船事故調査報告書、3者いずれもが録音を文字に起こしている。ただしそれぞれ粗密があり、肝心な音声を起こしていなかったりする。以下は主に海上自衛隊の報告書（交話者も特定されている）をもとに述べる。

7時54分に「おおすみ」が左転して針路180度（真南）になったのち、当直士官は7時55分13秒、「CIC、GのCPA知らせ」と指示した。CPAとは、最接近点（Closest Point of Approach）のこと。つまり、このまま進むとゴルフとの再接近距離がどれだけあるかを、当直士官は正確な数値で知りたかった。

しかし艦橋伝令の交代時間が来て、7時55分48秒まで、艦橋とCICとの交信はできなかった。CICはレーダー画面上でゴルフを見つけていなかったから、プロットもしていなかった。プロットしていれば、レーダー指示器には双方が針路・速度を変えずに進んだ場合の最接近距離・再接近までの時間が自動的に表示されるはずだ。

当直士官は艦橋からゴルフを目視しており、ジャイロレピーターで方位も確認していた。見える方位が変わらなければ、衝突の危険がある。7時56分29秒、当直士官は「G上っている」と発言した。「上っている」とは、見える角度が艦首方向に向いてきていることであり、つまり衝突の危険は少なくなっていることになる。左隣にいた船務長も「わずかに上るな」と応答した。しかし「わずかに上る」だけなら、まだ衝突のおそれがあると

判断しなければならない。小型船の針路は波風の影響で左右に振れやすい。

7時56分45秒、当直士官はCICに「ゴルフの的針的速知らせ」と指示した。レーダー観測でゴルフの位置と速度がどうなっているかを知りたかった。しかしCICは答えなかった。56分53秒に再び当直士官と船務長の間で「方位は」「わずかに上るね」という会話がある。

CICが答えないので、当直士官は7時57分04秒、今度は左見張員に、「2番（左見張員のこと）、G目標、左40度のやつ、こちらを視認しているか」と聞いた。左前方に見えているゴルフは小型船だから、こちらが接近していることを認識して危険を察知したら、自ら回避動作をするだろうと考えたのか。左見張員は見るべき方向まで指示され、見張台には立派な双眼鏡があるのに、14秒も経ってから「目視している」と答えてきた。

7時57分40秒、やはりゴルフ目標の動静を気にしていた艦長が「方位はどうだ」と聞き、当直士官が「方位はわずかに上っています」と答えた。

7時58分46秒、当直士官は艦長に「左の漁船方位上りますが先に行かせるため強速にします」と減速することを報告した。実際に艦の航行を仕切るのは当直士官だが、速度変更や針路変更には艦長の指示が必要だ。この「漁船」は艦橋では先ほどから注目されているゴルフ＝「とびうお」のこと。

伝令は3秒後に「両舷前進強速、ゴルフを先に行かせる」と機関部に伝えた。それまで「おおすみ」は第1戦速（標準変速表によれば18ノット、しかし定期点検前の性能がやや落ちている時だったので、実際は17.4ノット＝約32.2キロ）まで上げて走っていたのを強速に一段階落とす。衝突時刻を8時ちょうどとすれば、衝突1分12秒前に「おおすみ」は衝突回避のための行動を始めたことになる。もちろん、ただちに速度が落ちるわけではない。

なお「おおすみ」の標準変速表によれば、強速は15ノット、原速は12ノットでこれが標準的な巡航速度、半速は9ノット、微速は6ノット、最微速は3ノット。最高速力は「最大戦速」といい、公表値は22ノットだが、

実際にはもっと出るだろう。護衛艦は 30 ノットは出るから、22 ノットしか出ない艦とでは艦隊行動がとりにくい。また「おおすみ」の変速表は 3 ノット刻みなので、第 1 戦速と最大戦速の間に第 2 戦速もあり、最大戦速の上には「一杯」もあるはずだ。

7 時 59 分 06 秒、音響記録には発言者不明「避けられん」という声が入っている。衝突回避行動が間に合わない危険性を意識した発言と解釈するのが自然だろう。ただしこの音声は 3 つの報告書には文字化されておらず、国家賠償請求訴訟の原告側弁護士が見つけ、被告側も認めたものだ。

7 時 59 分 13 秒、当直士官に代わって艦長が自ら操艦指揮を執り、「原速まで落とせ」と、さらに減速を指示した。強速までの減速ではまだ危険と認識したからだろう。

7 時 59 分 17 秒。「とびうお」の動きを注視していた船務長が「このまま行けると思ってるんだろうな、怖いよなあ」と発言。

7 時 59 分 31 秒、伝令が「左 50 度同航の漁船距離近づく」と、左見張員からの報告を伝えてきた。この「漁船」も「とびうお」のことだ。「おおすみ」は 180 度、「とびうお」はほぼ 200 度（運輸安全委員会の推定では 197 度、海上保安庁の推定では 201 度）で航行していたのだから、次第に近づくのは当然だ。

7 時 59 分 38 秒、「両舷前進微速」と、また速度を下げる指示があった。このあたりから「おおすみ」は衝突の危険を感じて回避動作を矢継ぎ早に行う。2 秒後の 59 分 40 秒に「両舷停止」、59 分 43 秒から警告信号の汽笛を 5 回にわたって吹鳴、同時に「面舵一杯」つまり右に急転回した。59 分 54 秒には「両舷後進微速」つまりプロペラを逆回転させる指示があった。

しかし大型艦船は容易には停まれない。減速を指示してもただちにその速度になるわけではない。衝突直後と思われる 8 時 00 分 02 秒にも「おおすみ」の速度が 15.9 ノットまでしか落ちていなかったことは、AIS 位置情報で分かる。なお「両舷」と言っているのは、「おおすみ」にはエンジンとプロペラがそれぞれ左右に計 2 組あるので、両方とも、という意味だ。

こうして「とびうお」は「おおすみ」に衝突し、左に傾いて転覆した。

冬の海に投げ出されて

　8時少し前、阿多田島が近くなったとき、「とびうお」の右後方から「おおすみ」が迫ってきた。「とびうお」の甲板に後ろ向きに座っていた寺岡さんは、事態を正確に見ていた。『中国新聞』は寺岡さんからの取材で次のように書いた。「釣り船の船首近くに座っていた客の寺岡章二さんによると、……右後方からおおすみがかなりのスピードで迫ってきて、おおすみの警笛が鳴った直後、釣り船の右舷がぶつかったという」（1月16日付）。「おおすみは事故の直前に右に舵を切ったとみられる。救助された釣り客の寺岡さんは、右にかじを取って船体後部が左に振れてぶつかったのではと思うと話している」（1月17日付）。

「船体」という言葉で誤解されることがあるが、寺岡さんは「おおすみ」が事故の直前に右転し、その「艦体」がキックにより左に振れて「とびうお」の右舷にぶつかったのを見たのだった。右転したのは「とびうお」ではなく「おおすみ」のほうだ。また報道で使われた「釣船」という言葉は職業的遊漁船と誤解されやすいが、高森船長の持ち船は純然たるプレジャーボートだ。

　高森船長が「おおすみ」の警笛により危険を察知した時には、すでに吸い込まれるような形で舵が利かなくなっていたと思われる。「とびうお」の右舷が「おおすみ」の左舷中央部に接触し、いったん少し離れた後、また接触してそのまま引きずられた。「おおすみ」のより船尾近くで「とびうお」は「おおすみ」のキックに跳ね飛ばされるされるようにして大きく左に傾き、転覆した。乗っていた4人は冬の海に投げ出された。海水温は約10度、落水後ただちに心臓麻痺を起こす危険もある温度だ。

　衝突事故発生は8時00分ごろとされる。「おおすみ」の上甲板（第1甲板）上の左舷側にいた乗員が「とびうお」の転覆に気づき艦橋に知らせ、艦橋

にいた艦長が、作業艇を降ろして溺者救助に向かう用意と、また海上保安庁と自衛艦隊司令部に事故発生の通報を指示した。「おおすみ」の作業艇は長さ11メートルの内火艇、要するに「とびうお」より一回り大きなモーターボートであって舷側に収納されており、迅速に洋上に降ろすことができる。作業艇が溺者救助に向かったのは8時07分ごろだった。

　作業艇は「とびうお」の排水口にしがみついていた寺岡さんを8時12分ごろ、続いて海に浮いていた高森船長を8時18分ごろ、クーラーボックスにつかまって浮いていた大竹さんを8時23分ごろに艇上に引き上げ、すでに心肺停止状態だった高森船長と大竹さんに心臓マッサージを始めた。

　阿多田島漁業協同組合では、海上の組合員からの通報と「おおすみ」の警笛で異変を知った。漁場から漁港に戻ったばかりだった漁船はすぐに事故現場に向かった。漁港内のポンツーン（浮き桟橋）設置工事をしていた人々も小型船で現場に向かい、クーラーボックスにつかまっていた伏田さんを救助し、大竹さんを作業艇に引き上げる手伝いをした。

　幸いに意識のあった寺岡さんと伏田さんは作業艇から「おおすみ」に収用され、入浴で体を温めたのち医務室で手当を受けた。

　高森船長と大竹さんは海上保安庁から派遣されて現場に急行した巡視艇に移された後、午前9時半ごろ国立病院機構岩国医療センターに入院したが、その夜のうちに亡くなった。病院の発表によると、高森さんが入院した際の体温は29.3度、人工心肺装置でいったん心拍は戻ったが、午後11時5分に死亡。海水を肺に吸い込んでの低酸素血症による溺死という。また大竹さんは入院時の体温は27.8度、一時心拍が戻ったが、16日午前1時55分に低酸素血症による溺死。消化管から大量の出血もあり、出血性ショック死の可能性もあるという。

通報を受けて

　海上保安庁は「おおすみ」から8時1分に事件発生の通報を受けた。広

島市宇品海岸の第6管区海上保安本部が瀬戸内海を管轄しており、すぐに巡視艇2隻とヘリコプターを現場海域に急行させた。

防衛省に「おおすみ」から通報が入ったのは8時6分だった。小野寺五典防衛大臣には秘書官を通じて8時20分ごろ通報された。1時間後には防衛大臣をトップとする事故対策会議が開かれ、若宮健嗣政務官を現地に派遣することにした。このような対応は、9時54分からの防衛大臣緊急記者会見で発表され、小野寺防衛大臣は「現在事故の原因について海上保安庁が行っておりますので、防衛省としましては捜査に全面的に協力をしたいと思っております。また、今回このような事故が発生しましたことは、防衛省・自衛隊の責任者として誠に遺憾に思っております。乗員の方の一刻も早い回復をお祈りしたいと思っています。」と述べた。

この防衛大臣記者会見の席には河野克俊海上幕僚長らが同席した。河野海上幕僚長は「あたご事件」当時に海上幕僚監部防衛部長で、事件の責任を問われ訓戒処分を受け掃海隊群司令に異動したものの、2012年海上幕僚長、「おおすみ事件」の年の10月には統合幕僚長つまり自衛隊制服組トップに上り詰めて、安倍晋三首相の信任厚く3度の定年延長を繰り返した人である。

河野氏は統合幕僚長を退任したのち著書『統合幕僚長』を2020年9月に刊行したが、このときの対応について「『あたご』の教訓が生きた『おおすみ』事故」として、次のように書いている。

「先ず、関係者を集めて、次の次項を指示し、徹底した。／第一に、司令塔は私である。情報発信は一本化する。その内容も『海上自衛隊は事故の当事者であり、今後海上保安庁の捜査に全面的に協力します』。これだけ。／第二に、事故対応は、現体制でやる。増員要員などいらない。／第三に、海上保安庁の了解が得られれば、予定通り『おおすみ』は三井造船玉野工場に向かわせ、乗組員の外出は認める。事故対応はしつつ、通常の業務はしっかりやれということだ。／事故対応の会議も私の部屋で、必要最小限しか実施しなかった。」

　首相官邸では8時20分、危機管理センターに官邸対策室が設置された。安倍晋三首相は中東・アフリカ訪問から政府専用機で帰国中だったが、米村敏朗内閣危機管理監から電話で事件発生の通報を受けた。8時24分、首相は、救助活動の徹底、周辺船舶の安全確保、国民への迅速な情報提供、の3点を指示したという。このような対応は菅義偉官房長官が午前の記者会見で発表した。

　事件発生後の「おおすみ」の事故通報および溺者救助活動は、遅滞なく行われた。2008年にイージス護衛艦が釣船に衝突して釣り船の2人が行方不明になった「あたご事件」では、通報の遅れ、救助の遅れ、海上保安庁の捜索が入る前に海上自衛隊がヘリを飛ばして乗員を防衛省に呼び聞き取りを行ったことなどが問題化され、非難を浴びた。そのときのような失敗を繰り返さない、中国新聞報道の表現によれば「『傷口』拡大防止に躍起」（1月16日朝刊）の努力がなされた。

　海上保安庁は事故当日にはすでに「おおすみ」「とびうお」両船乗員からの聴取を開始し、業務上過失往来危険の疑いで、「とびうお」の2人が亡くなったため16日からは業務上過失致死の疑いで、本格捜査を進めた。しかし「あたご事件」の時のような、乗員を長期間艦内にとどめ上陸を許さないような措置は取らなかった。海上自衛隊の要望を受け入れてのことだろう。

　国土交通省運輸安全委員会の石原典雄主管調査官ら船舶調査官4人は、15日夕刻に広島に到着し、海上保安庁と調整して捜査を進めると発表した。16日にはさらに捜査の指揮者として横山鐵男海事部会長ら2人を派遣し、呉基地沖に停泊中の「おおすみ」乗員からの聴取を始めた。

報道から

　朝の8時に発生した重大事件を、テレビは昼のニュースから、新聞は夕刊から、大きく報道した。『朝日新聞』『讀賣新聞』『毎日新聞』（いずれも

縮刷版に収録される東京最終版）の見出しを拾ってみる。

1月15日夕刊。

朝日1面：海自艦衝突 釣り船転覆／広島沖、2人意識不明／「おおすみ」乗員ら聴取／防衛相「誠に遺憾」

朝日社会面：視界良好の海 何が／海自艦衝突／不穏な汽笛 何度も／船の往来多い海域／官邸に対策室 政務官派遣／回避義務 衝突前の位置次第

讀賣1面：海自艦と衝突 釣り船転覆／広島沖 2人が意識不明／海保 両船の航路捜査

讀賣社会面：穏やかな海 なぜ／「自衛艦すぐわかる」地元漁業者／海保、情報収集急ぐ／「またか」防衛省緊迫

毎日1面：海自艦と釣り船衝突／転覆し2人重体／広島沖／防衛相「誠に遺憾」／輸送艦おおすみ 震災被災地にも

毎日社会面：静かな海「なぜ」／海自艦 釣り船事故／好漁場 往来多く／海自艦ルート 把握せず停船も

この時点では当然だが海上保安庁、防衛省、首相官邸の発表が中心で、まだ広島現地での独自取材記事は少ない。

1月16日朝刊。

朝日1面：「後方から海自艦接近」／同船者証言 警笛、衝突の直前／船長は死亡

朝日社会面：ガガガッ 浸水し転覆／救助男性「海自艦、当たるとは」／警笛5回 島民ら急行

讀賣1面：衝突、同方向に航行中／海自艦と釣り船／重体の船長死亡

讀賣3面：海自 民間船また衝突／再発防止徹底の最中／往来危険容疑で捜査／両船の航跡特定 焦点

讀賣社会面：警笛5回 直後に衝突／釣り船転覆／船長 接近気付かず？／傾く船内に浸水

毎日1面：海自艦 左舷に死角か／釣り船との衝突場所／重体の船長死亡

毎日社説：海自艦衝突事故／原因の徹底究明を図れ

毎日社会面：「まさかぶつかるとは」／海自輸送艦衝突／救助された男性

　この日の報道では、救助され自宅に戻った寺岡さんの15日午後8時ごろの証言が大きく扱われている。以後、1月17日まで紙上では大きな扱いが続くが、以後は散発的な報道となる。マスメディアの報道はいつも竜頭蛇尾だ。そして広島検察庁が不起訴処分を決めると、もう事件は終わったことになってしまう。国家賠償訴訟の進行まで、継続的に取材したマスメディアの記者は皆無だった。

解明されるべきこと

　いち早く解明されるべき問題点を分かりやすく指摘したのは、NHKのニュース解説番組だった。1月17日午前0時の「時論公論」は「自衛艦事故　なぜ続くのか」というタイトルで、島田敏男解説委員と津屋尚解説委員の対談を放送した。以下は、NHK解説アーカイブス記事から抜粋する。

　津屋「船の衝突を防ぐ上で最も重要なのは『見張り』です。『海上衝突予防法』という法律は、『目と耳、それ以外のあらゆる手段を使って常時、適切な見張りを行うこと』を義務付けています。今回の事故当時、海は穏やかで視界も良かったわけです。双方がしっかり見張りをした上で、十分な余裕を持って回避行動をとっていれば、衝突は避けられた可能性が高いと思います。」

　島田「法律では、自衛隊の船であろうと民間の船であろうと、事故を避けるための義務は同じで、お互いの位置関係が重要になります。」

　津屋「『おおすみ』がもっと早く警笛を鳴らしていれば、釣り船も早く回避行動をとっていたかもしれません。」

　島田「法律上、双方に事故回避の義務があるとはいえ、大きな船は進路を変えたり、速度を変えたりするのに時間がかかります。ですから、大きい船の側が一早く危険を察知して、警告を発することが求められると思い

ます。」

　津屋「その通りです。『おおすみ』は船体の構造上、すぐ近くの船が確認できない『死角』が存在します。お示ししたのは、船を前方からみた図です。ヘリコプターが発着するスペースを確保するため、船の操舵室がある艦橋の部分はこのように右舷側に偏った特殊な形をしています。海上自衛隊によりますと、『おおすみ』は通常、艦橋の左右にそれぞれ１人ずつ、艦橋後部にあるヘリコプター管制室に１人の、あわせて３人が見張りを担当しています。加えて、操舵室にいる他の乗組員や、レーダーによって監視を行っていて、事故当時もこの態勢で見張りが行われていたということです。しかし、この見張り担当からは、左舷部分は死角になり、小さな船がいても見えません。釣り船は今回、この死角部分の左舷側に衝突しました。」

　島田「自衛隊も事故防止のために新たな取り組みを重ねているのは確かです。５年前に日本の沿岸全域に整備された、船舶自動識別システム（AIS）への参加がそれです。……自衛隊には『軍事行動に関わる船の位置を公にはできない』という伝統的な考え方がありました。しかし、相次ぐ事故の反省から、狭い海域の通航の際にはシステム上に位置情報を出すようになってきています。」

　津屋「事故原因を突き止めるには、２隻がどうやって接近したのかを明らかにしなければなりませんが、当事者のうち、釣り船の船長が亡くなっていますので、捜査は容易ではないと思います。『おおすみ』の方は、船の航跡や速度など衝突にいたるまでの船の動きを細かく記録している筈ですが、問題は釣り船の動きをどう再現するかです。」

　残念ながらNHKのこの番組は、深夜番組のため視聴者は多くはなかったものと思われる。

　『中国新聞』は１月16日に社説「海自艦と釣り船衝突　なぜ回避できなかったか」を掲載した。「高性能のレーダーも搭載するおおすみは、近づ

く船の存在を確認できたであろう。見張りもいたはずである。釣り船の側にしても、なぜ巨大な船と接近したのか、疑問が残る。」そして近年の自衛艦のからむ事件を列挙し、「自衛艦は近年、大型化が進み、急な針路変更や減速は難しくなっている。より厳しい危機管理と安全確保策が求められる。」と指摘した。

　同じ1月16日の『毎日新聞』社説は、「海自艦衝突事故　原因の徹底解明を図れ」。「あたごの事故では、防衛省幹部による状況説明が二転三転し、国民の自衛隊不信を高めた。同様の事態を招くことがないよう、迅速な情報公開が求められる。」

　1月18日の『朝日新聞』も社説「自衛艦事故　なぜ繰り返されるのか」を掲載した。「国民を守るはずの自衛隊をめぐる事故に関心が高まるのは当然だ。特に、海自の再発防止策が機能していたかは、しっかり検証されなければならない。」「『多くの船が行き交う海で、どう事故を防ぐのか』という肝心な課題は、未完のままである。……海自側が細心の注意を払うというだけでは、事故の根絶は難しい面もある。自衛艦の航路や通過時刻をできるだけ周知し、民間側にもいっそう注意を求める必要があるだろう。」

　『産経新聞』1月18日付社説「『おおすみ』事故　海の安全には何が必要か」では、「とびうお」側にも厳しい目を向けている。「いずれに回避義務があったとしても、両船に、衝突を防ぐため最大限の努力が必要だったことは当然である。」「予防法とは別に、海上で守るべき交通ルールもある。海保はホームページの東京湾航行案内に『巨大船は、操縦性能が悪い（すぐ曲がらない、すぐ止まれない）ので、これらの大型船には航路航行の優先権があります。小型船は、大型船の進路を妨げないようにしましょう』と記している。／同じページでは『海保からのお願い』として、ライフジャケットの常時着用も呼びかけている。釣り船の船長と乗客がせめて救命胴衣を着用していれば、最悪の事態は避けられたかもしれない。」

　『産経新聞』が社説で主張する「大型船には航路航行の優先権」の規定を「おおすみ事件」に摘要するのは誤りだ。引用している海上保安庁ホームペー

ジの記載は「浦賀水道航路・中ノ瀬航路における主な海上交通ルール」の
ページにある。浦賀水道や中ノ瀬、また瀬戸内海では備讃瀬戸、来島海峡
など、海上交通安全法別表に掲げられた航路では海上衝突予防法の例外と
してのルールがあるが、「おおすみ事件」の発生した海域にはこのような
特別の航路は設定されていない。「おおすみ」「とびうお」の守るべき海上
交通に関する法律は海上衝突予防法だけであり、ここには大型船優先の規
定などない。ただし同法7条4項には「大型船舶若しくはえい航作業に従
事している船舶に接近し、又は近距離で他の船舶に接近するときは、これ
と衝突するおそれがあり得ることを考慮しなければならない。」という注
意義務はある。

過去の事件から

　報道のなかでも、過去の軍艦・自衛艦と民間船との衝突事故で民間船側
に犠牲者が出た事件が想起された。一連の事件では、真相究明・責任追及
に疑問を残したまま決着が図られることが多かったからだ。
　まず、1981年4月9日の米潜水艦「ジョージ・ワシントン」（横須賀に
配備されていた航空母艦とは同名だが別物）の貨物船「日昇丸」への当て
逃げで2人が亡くなった「日昇丸事件」。「ジョージ・ワシントン」は東シ
ナ海で核ミサイルを搭載して訓練に参加中だったが、衝突後に「日昇丸」
の安否を確認せず現場を去り、漂流していた「日昇丸」乗員を救助したの
は海上自衛隊の護衛艦だった。米軍の事故報告書は潜水艦「艦長の責任は
明白」と書いているが、その艦長は米軍から艦長資格剥奪の懲戒処分を受
けただけで、裁判は受けていない。なぜ潜水艦が衝突を回避できなかった
のか、隠密性を重視する潜水艦がなぜ浮上していたのか、なぜ事故現場を
急いで離れたのか、などは報告書を読んでも分からない。しかし伊東正義
外相は国会で「この事故が日米関係に与えるかもしれない影響をなるべく
小さくするということを期待している次第でございます。」と答弁してい

た（4月13日衆議院安全保障委員会）。日本政府は、さらに詳細な説明を米国に求めることをしなかった。

　続いて1988年7月23日、潜水艦「なだしお」と遊漁船「第1富士丸」の衝突で遊漁船に乗っていた30人が亡くなった事件。東京湾内で発生した事件であり、多数の犠牲者を出した悲惨な事件だったため、注目を浴びた。海難審判・刑事裁判に4年8カ月かけ、両者に衝突責任あり（「なだしお」に主因）ということになった。潜水艦では行方不明者の捜索が行われている中で航泊日誌の改ざんを行うなど、証拠隠滅や口裏合わせが問題になった。事件後、海上自衛隊では詳細な再発防止策を作成した。犠牲者の慰霊碑は横須賀の海上自衛隊観音埼警備所敷地内にあり、観音埼灯台から眼下に見える。

　2001年2月10日、ハワイのホノルル沖で米潜水艦「グリーン・ビル」・愛媛県立宇和島水産高校練習船「えひめ丸」が衝突、練習船の9人が亡くなった事件。潜水艦は民間の招待客を乗せアクロバット航行をして見せる一環として急浮上し、航行中の練習船に衝突した。事件解明は米国の軍法会議ではなく審問委員会で行われ、ここでは招待客は誰も証言していない。日本政府は共同調査を要請せず、愛媛県も独自の調査を要求せず、調査はすべて米軍に任された。ホノルルのカカアコ・ウォーターフロント・パーク内に犠牲者の慰霊碑がある。また宇和島水産高校にも慰霊碑があって、毎年2月10日には海底から引き上げられた「えひめ丸」の鐘が犠牲になった生徒数と同じ9回、鳴らされる。

　2008年2月19日、千葉県野島埼沖でイージス艦「あたご」・漁船「清徳丸」が衝突、漁船の2人が亡くなった事件。当時最新鋭のイージス艦が、ハワイでのイージスシステムの試験に合格し、その報告書を防衛省に届ける途中での事件だった。海上保安庁の捜査が入る以前に防衛省が関係者をヘリで呼び寄せたことが問題になった。海難審判所は「あたご」に衝突の主因ありと裁決し、自衛隊組織に安全運航確保を勧告した。しかし刑事裁判ではあたご側は無罪とされた。この裁判で「あたご」の艦首（衝突個所）の形状について証言がなされようとしたとき、防衛機密を理由にストップが

かかった。犠牲となった漁業者親子の墓は千葉県勝浦市の津慶寺にある。この事件に関して私は著書『あたご事件　イージス艦・漁船衝突事件の全過程』を2014年2月に上梓した。「おおすみ事件」はその1カ月前に起こっていた。

　犠牲者までは出ていないが、自衛艦と民間船の間の衝突あるいはニアミス事件は、以後も続いている。

　2009年1月10日、鹿児島県霧島市沖で潜水艦「おやしお」が性能試験中、周辺警戒のためチャーターした漁船「第28亀丸」に接触し、船体を損傷させた。海上保安庁への報告は事故発生から1時間20分後だった。同じ「おやしお」は同年6月17日に青森県東通村沖で資源エネルギー庁委託による探査船「資源」の曳航する海底調査用ケーブルに接触した。切断されたケーブルは海上自衛隊と海上保安庁の捜索により2本が回収されたが、7本は発見されないまま捜索は終了した。

　2009年10月27日、関門海峡で護衛艦「くらま」が韓国籍のコンテナ船「カリナスター」と衝突、護衛艦は艦首が、コンテナ船は船首後方が大破してともに火災が発生し、護衛艦は消火までに10時間あまりを要した。消火作業中に護衛艦の6人が負傷した。「くらま」は相模湾で行われた観閲式で観閲艦（自衛隊の最高指揮官である菅直人首相が観閲官として乗艦した）を務めたのち、佐世保に帰る途中だった。運輸安全委員会の調査報告書では、衝突原因はコンテナ船の側が別の貨物船を追い越そうと左転して航路帯をはみ出したためとされたが、海上自衛隊の運航マニュアルが通航船舶の動静の把握や状況に応じた安全な速力の設定を含むものになっていなかったことも指摘した。基準排水量5200トンの大型自衛艦が民間船との衝突で大破するほど軟弱なことが話題になったが、対艦ミサイルが最大の脅威となる現代の海上戦と、大艦巨砲主義の時代とでは艦設計の基本が異なる。海上自衛隊の調査報告書によれば、この事件での火災の原因は「くらま」の艦首倉庫にあったシンナー缶が衝突で破損し火花に引火したためだった。

　2013 年 6 月 11 日、関門海峡で練習艦「しまゆき」がパナマ船籍の自動車運搬船「オート・バナー」とニアミス事件を起こした。練習艦は基準排水量 3050 トン、自動車運搬船は総トン数 5 万 2422 トンと大型だったため、250 メートルまで接近したのは危険だと海上保安庁は練習艦に航行指導を行った。運輸安全委員会の調査報告書によれば、練習艦が右側通行のところ航路中央付近を航行し、次の針路に向けようと左転したことがニアミスの原因だった。

　公平のため記しておけば、船舶事故は件数としては小型船が最も多い。これは船舶の総数では小型船が圧倒的に多いことによるものだ。海上自衛隊の主要艦艇数は、2020 年版『防衛白書』によれば補助艦艇まで入れて 138。日本小型船舶検査機構によれば、2018 年度末の小型船数は 33 万 0108 とされている。

　『海上保安レポート 2019』によれば、船舶事故隻数は 2014 年が 2158、15 年 2137、16 年 2014、17 年 1977、18 年 2189 であり、船舶種類別では 2018 年にはプレジャーボートが 949 隻で 50 パーセント、漁船が 402 隻で 21 パーセントだった。船舶事故と言っても死者、行方不明者の出るような重大な事故は少なく、海難審判の対象になる事件のほとんどは乗揚（座礁）や、桟橋・標識灯・定置網・養殖施設などへの単独衝突が占めている。

寺岡供述への誤解と中傷

「とびうお」に乗船していて転覆後に救助された寺岡さんと伏田さんには、マスメディアの取材が殺到した。

　寺岡さんは事件発生当日と翌日に取材に応じた。寺岡さんは丁寧に説明したが、メディア側の無知と説明不足からか、誤解を生むような報道もあった。

　その 1.「とびうお」はわざわざ「おおすみ」に近寄り、追い抜いたあと減速したので衝突したのか。

1月16日朝、自宅での寺岡供述のテレビ報道テロップは次のようになっている。「これ自衛隊の船かなとヘリが降りるような船かなと思って近寄ったら」「ずっとそれで（近づいた状態で）行ったが——それで（釣り船がおおすみを）追い抜いた」「追い抜いてちょっとしてこっち（釣り船）の方がちょっと減速した」

　わざわざ「おおすみ」に近寄って行った、と誤解される。ネット上では、軍艦見物のため近寄ったのか、などと非難されている。しかし「おおすみ」の呉から玉野への航路と、「とびうお」の広島から甲島沖への航路の一部がほぼ重なり、同航となるのは自然だ。

　また、この供述からは、追い抜いたあと減速したならまた追いつかれるのも当然、とも誤解される。しかし、「とびうお」がゆっくり航行する「おおすみ」を追い抜く際に少し加速して間隔を空け、追い抜いたあと元の巡航速度に戻すのも自然だ。「おおすみ」が加速して追いついたことのほうが問題だろう。「おおすみ」がゆっくり航行した後に加速して追いついて来たことについても寺岡さんは供述している。

「寺岡さんによると、釣り船は15日朝、広島市の係留施設を出航、約10分後、前方左にゆっくり航行する『おおすみ』が見え、右側から追い越した。しばらくして、寺岡さんは、後方右側約1キロに再び近づいているのを見つけた。」（1月16日『讀賣新聞』夕刊）

　実際に「おおすみ」は「とびうお」に追い越されたのち、強速から第1戦速に加速していたのだった。

　その2.「おおすみ」が直前に左転したので衝突したのか。

「とびうおの後方約500メートルから接近してきたという。（寺岡さんは）『おおすみはとびうおを追い抜こうとした際、右側から左に旋回する形で近づいてきた』と振り返った。」（1月16日『毎日新聞』夕刊）

「4～5メートルまで近づいた時点で『おおすみ』から汽笛が4、5回鳴らされた。／寺岡さんが危険を感じて左舷側に移動直後、釣り船の前方を右側から左側に横切るように航行する『おおすみ』の左舷中央に釣り船の

右舷が衝突した。／寺岡さんは『釣り船は真っすぐ進んでいたと思う。『おおすみ』が進路変更したのではないか』と話している。」（1月16日『讀賣新聞』夕刊）

　この報道では、「おおすみ」の7時56分代の左転と、衝突回避行動とが混同されている。寺岡さんは正しく認識していたが、メディアは極端な図を描いた【図5】。大型艦にこのような急角度の旋回はあり得ないと、ネット上では寺岡供述は虚偽との非難が相次いだ。

「おおすみ」の事故直前の左転で衝突したのではない。次のような報道もある。「救助された寺岡さんは、右にかじを取って船体後部が左に振れてぶつかったのではと思うと話している。」（1月17日『中国新聞』）寺岡さんはキックを正確に認識していた。

　その3.　前を横切った貨物船はいなかったのか。

「（寺岡さんによれば）当時、進行方向の右側から貨物船が横切ろうと近づき、釣り船の左後方にいたおおすみは右に旋回した。／貨物船が去った後、おおすみは釣り船の右側を加速して航行、進路を左に変えた。」（1月16日『中日新聞』夕刊）

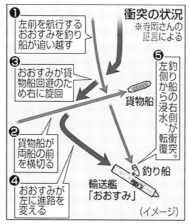

図5　新聞が報道した衝突状況図の一例。直前の「おおすみ」の左転で
衝突したように受け取られ、誤解を生んだ。『中日新聞』より

「救助された男性〔寺岡さん〕が16日、同じ方向に航行していた両船の前を貨物船が横切り、輸送艦が回避した後に衝突したと証言した。おおすみは右に旋回した後、再び進路を左に変え釣り船に衝突したという。／一方、民間の測量大手『パスコ』（東京）によると、当時の現場海域に、両船の前を横切るように航行する船舶の無線発進記録はなかった。航行していた船が位置情報を知らせる装置を搭載していなかったか、航行していた船そのものがなかった可能性があり、」（1月17日『時事通信』）

　後に明らかになったことだが、海上保安庁による「おおすみ」艦橋音響記録には、7時37分05秒から同31秒まで「あけた丸」との交信記録がある。この中には「本艦中ノ瀬通峡、中ノ瀬過ぎたところで右に大きくとり、左対左で通過いたします」という「おおすみ」からの発信がある。「おおすみ」はここでいったん右転した。寺岡さんの供述は正しいが、「おおすみ」のここでの右転は「とびうお」との衝突よりかなり前のことだった。衝突のすぐ前のことと誤認したメディア側が極端な図を描き、寺岡供述の信憑性を疑わせるような報道をしたのだろう。

　マスメディア各社の報道競争の中で不正確な報道がなされ、誤解と中傷を生んだが、報道側は後追い取材をせずに済ませたのだった。

臨場感のある伏田供述

　肋骨を骨折した伏田さんは事故当日、自宅に帰ろうとしたが、マスメディア各社が自宅を取り巻いていたので休養のため別なところに宿泊した。そして1月17日になって、自宅近くの公園で取材に応じた。記事は記者が要約した文章になっている。

「釣り船は15日朝、広島市の係留施設を出港。約100メートルの間隔で並走していた『おおすみ』を右側から追い抜き、進路を横切る形で『おおすみ』の左側に移った。その約10分後、『ボー』という汽笛が1回聞こえ、ほぼ同時に『おおすみ』の左舷に接触し、一気に転覆したという。」「『お

おすみ』を追い抜く約5分前には、約1キロ先に対向して来るタンカーが見え、『おおすみ』が汽笛を2回鳴らしたところ、タンカーは進行方向の右側によけていったという。」（1月17日『讀賣新聞』夕刊）

『産経新聞』が伏田さんにインタビューした記録は、1月20日付『産経デジタル』に掲載されている。臨場感のある供述だ。

「出航して10分くらいしてから、絵の島あたりでおおすみが左に見え、とびうおは絵の島の右側を通行した。両船の間は当初1キロくらい開いていたと思う。わしらは、よくこの海域を通るから、自衛艦が通るのもよく知っとって『ああおるなあ』と思っとった。

　それから、おおすみが遅いから、とびうおはおおすみの前を横切って追い越し、左に出た。間は100メートルは離れていたと思う。それ以降はおおすみを見ていない。ぶつかるとは100％予想していなかった。」

　伏田さんは前を向いて座っていたから、後ろからの「おおすみ」の接近に気づかなかった。

「ところが、突然、1回ボーっと汽笛が鳴って、スーッと何かが当たってこすれる感じがしたかと思ったら、船がコトンとひっくり返った。」

「おおすみ」は単音5回の警告信号を発したが、その1回目でもう「とびうお」と接触した、という供述は重要だ。

「それで、4人全員が進行方向の左側に投げ出された。わしは腰にかけていたクーラーボックスにすぐつかまった。クーラーボックスには缶ビールが入っていたが、それでも浮いた。船に乗る前、わしは1本飲んでから乗船したが、他の3人は飲んでいなかった。

　わしは履いていた靴下が浮くようになっていたので、足下から浮き、ラッコのような格好で10分くらい浮いていたと感じた。クーラーボックスは潮の流れなんかで、クルクル回転する。回転しながら、寺岡さんが船をつかんでいる姿やおおすみ、阿多田島の左端が見えたが、他の2人はもう視界になかった。

　クルクル回って、『死ぬかもしれん』と思ったが、その後、近くで工事

をしていた民間の船の赤い旗が見え、その乗組員が手を引っ張ってくれた。助けてくれた2人には何とお礼を言っていいことか、命の恩人だ。」

　伏田さんは衝突事故では救助されたが、残念ながら訴訟開始前に亡くなられた。海に出るたびに、高森さんと大竹さんの供養にと、ビールを海に流していたという。

国会での追及は

　おおすみ事件に関して、国会ではどのような審議がなされたか。

　事件発生から9日後の2014年1月24日、第186回国会が開会した。安倍晋三首相は施政方針演説の冒頭、事件に触れて次のように述べた。

　「海上自衛隊輸送艦『おおすみ』と小型船の衝突事故について、亡くなられた方の御冥福をお祈りし、またお見舞いを申し上げます。徹底した原因究明と再発防止に全力を挙げてまいります。」

　2月5日の参議院予算委員会では、民主党（当時）の羽田雄一郎議員から次のような質疑があった。「あってはならないことがまた起きてしまいました。その都度、再発防止対策が取られてきたはずなのにどうなっているのか、本来どのような監視の下で航行していなければならないのか、事故が起こる前はどのような状況だったのか、小野寺防衛大臣にまずお聞きいたします。」

　小野寺五典防衛大臣はまず「一般論として、海上自衛隊の艦船は、艦橋付近に見張り員を配置し、かつレーダー等の利用に努め、艦外に対する見張り、警戒を怠らないように注意して航行することとなっております。当該監視態勢は定期検査のための回航の際にも同様であります。」と答えた。そして防衛省としても艦艇事故調査委員会から3名を現地に派遣したこと、海上保安庁と国土交通省の調査には全面協力することを述べ、「このような事故が今後とも発生しないよう全力を挙げてまいりたい」と結んだ。

　羽田議員はさらに、2008年の「あたご事件」の後に防衛省が出した艦

船事故調査委員会の調査報告に関して、「その中には、再発防止策として見張り及び報告・通報体制の強化等5項目が挙げられております。これらはしっかりと現場で守られてきたのか」と問うた。

　防衛大臣は海上自衛隊で実施している再発防止策を次のように挙げた。
・見張り及び報告・通報体制の強化のため、航海シミュレーション装置を使用して安全運航のための訓練を実施。見張り検定を導入。
・同装置を使用してチームワーク態勢を強化。
・艦長が航行関係者の能力を定期的に査定。艦艇長講習を水上艦艇指揮課程として課程教育化。
・隊司令による指導の実施や護衛艦司令部の安全管理態勢の強化。

「あたご事件」後の再発防止策が「おおすみ」で具体的にどのように行われていたかは、後に国土交通省運輸安全委員会の検証で明らかにされることになる。

　防衛大臣はさらに、「その他としまして、簡易型でありますが、艦橋音声記録装置を艦橋に設置するなどの対策を取っております。今回の艦船におきましてもこの記録装置が付いております。」と述べた。「おおすみ」の事故発生当時の艦橋音声記録も、運輸安全委の報告書等で明らかになる。

　羽田議員はまた太田昭宏国土交通大臣に対しても、「衝突の状況、原因について」聞いた。大臣は、「両船の衝突の状況及び原因につきましては、今後の捜査、今捜査中でありますものですから、明らかにされるものと承知をしていると、これ以上申し上げることができない状況でございます。」と答えた。

　次に「おおすみ事件」が国会会議録に現れるのは、2月21日の衆議院安全保障委員会での小野寺防衛大臣の防衛政策説明の冒頭である。
「1月15日、輸送艦『おおすみ』と小型船との衝突により亡くなられたお2方の御冥福を心よりお祈りいたします。防衛省・自衛隊としては、海上保安庁の捜査等に引き続き全面的に協力するとともに、事故の原因究明と再発防止の徹底に全力を挙げてまいります。」

その後国会で「おおすみ事件」の真相追及がどのようになされたかというと、実は誰も何もしていない。国会審議の場に「おおすみ」の名が登場したのは、離島防衛に関してばかりだった。つまり、陸上自衛隊水陸機動団（日本版海兵隊）の発足に向けて「おおすみ型」輸送艦が水陸両用車AAV7を搭載できるよう改修される、という件である。

　なお、自由民主党の国会議員たちは、「おおすみ事件」発生当時から、自衛隊批判の声が高まることを懸念していた。2014年1月20日の自民党国防部会のテーマは、「おおすみ事件」と南スーダンPKOだった。「おおすみ事件」に関しては、武田良太防衛副大臣と中島明彦防衛省運用企画局長が、経過と防衛省・自衛隊の対応について、詳細に報告した。しかし「おおすみ事件」は自民党議員からも急速に忘れられていく。

　2年余が経った2016年4月7日、日本のこころを大切にする党（当時）の中野正志議員が「おおすみ事件」に関して質疑をしたが、これは「とびうお」の右転を衝突原因と判断した検察が不起訴処分を決めて以後のことであり、「小型船舶操縦士に対する安全講習の充実」についての質疑だった。

　答弁は政府参考人の坂下広朗国土交通省海事局長だった。「小型の旅客船や遊漁船以外の一般の小型船舶の船長につきましては、現在、登録小型船舶教習所、免許を取っていただく際の教習所におきまして、落水者の救助の技術の習得、それから落水者救助後の応急措置につきましては座学により教習を行っておるところでございますが、今後、その内容の充実について検討してまいりたいと思っております。」

「とびうお」は旅客船でも遊漁船でもないプレジャーボートなので、この「一般の小型船舶」に当たるが、「おおすみ事件」では「とびうお」乗船者は落水者本人だから、このような講習を受けていても役立たなかっただろう。

「あたご事件」に関しては、第169回国会の衆参両院で長時間にわたる審議が行われ、とりわけ衆議院安全保障委員会と参議院外交防衛委員会では集中審議も行われた（拙著『あたご事件』42-74ページにその概要を記した）。

「あたご事件」が発生した2008年は、民主党政権の成立に向かう緊張の時であり、防衛省内の不祥事が相次いだ時でもあったから、このように丁寧な対応が取られたのだろう。それにしても、「あたご事件」と「おおすみ事件」、両事件のこの国会での扱われ方の差は何だろうか。

「おおすみ」という船

　本書の冒頭で、「おおすみ」が自衛隊で最初の全通型甲板をもつ航空母艦型の船であることを述べた。航空母艦を持ち、領海外でも戦闘機を飛ばして戦闘ができるような一流の海軍になることは、海上自衛隊の長年の夢だったが、そこへの第一歩が「おおすみ」の建造だった。「おおすみ」自体が空母化することはなくても、空母型の艦の設計・建造・運用の実績は本物の空母建造に大いに役立つ。「おおすみ」が1998年の就役当時に外洋航海やヘリコプター発着の際に安定性を保つフィン・スタビライザー（横揺れ防止装置）を持たなかったのは、海上自衛隊が外洋型海軍へと脱皮することを米国が警戒したための政治的判断からと言われる。

　航空母艦は建造費もランニングコストも膨大になるし、艦載戦闘機パイロットの養成も容易ではないから、その保有・運用は、豊富な軍事予算を持つ米国以外の海軍には難しいことだ。実際に2018年版『ジェーン年鑑』によれば、複数の空母を持つのは米国以外ではイタリアだけで、かつて世界の海に雄飛した英国もロシアも1隻、中国が2隻目を建造中（2019年12月18日、「山東」の名で就役した）だが、あとはフランスに原子力空母が1隻、インドとタイが1隻ずつ老朽空母を輸入して保有、ブラジルが同じく老朽艦1隻を輸入して公試中とする（すでに近代化を諦め運用終了）だけだ。トルコの1隻は短距離発進・垂直着艦の戦闘機が入手できないため空母としての能力はない。海上自衛隊が「いずも」「かが」の2隻の空母化を進めているのは、まさに世界有数の海軍になるということだろう。

　「おおすみ」は三井造船玉野事業所で建造され1996年に進水、98年に就

役した。海上自衛隊は20年目をめどに老齢船舶調査を行い、就役の可否や延命修理を判断する。実際には就役期間は25年を超えることが多い。「おおすみ」は改修によりまだまだ現役艦として活躍するだろう。

　基準排水量は8900トン、満載排水量は1万3000トンの大型輸送艦で、330名（中隊規模）の人員と装備、民間人なら艦内デッキに1000名を載せることができる。1999年のトルコ地震救援で仮設住宅を運んだのを皮切りに、2002年には東ティモールPKO部隊を運び、2004年にはイラクに派遣する部隊の車両等を運ぶなど、輸送艦として活躍した。2013年の東日本大地震、16年の熊本地震の際も救援物資を運んだ。医務室、手術室も備えるので、災害派遣でも有用だ。

　全通型甲板はヘリコプターの発着にも安全だろう。艦橋後部の後部見張室はヘリ発着用の管制室となり、甲板上に2機のヘリを搭載できる。ただしヘリ用格納庫はないから、常時搭載しているヘリはない。

　艦内に2隻のエア・クッション艇（LCAC）を搭載し、これで戦車を陸揚げすることもできる。このため当初から輸送艦というより強襲上陸艦ではないかという指摘もあった。実際に2015年5月27日には静岡県沼津市の米軍今沢基地で「おおすみ」も参加して、LCACを使った上陸訓練が行われた。18年に水陸機動団が発足し、「おおすみ」も水陸両用車AAV7を16両搭載できるように改造されたので、敵前上陸作戦に運用する訓練も日米共同で行われるようになった。18年10月14日に鹿児島県種子島で行われた日米共同訓練には「おおすみ」も参加し、米海兵隊と水陸機動団が協力して、奪われた空港を奪還する想定の訓練が行われた。20年10月から11月、コロナ禍のなか4万6000人が参加した日米共同演習「キーン・ソード21」でも、「おおすみ」は水陸両用作戦訓練に参加した。「おおすみ事件」は、「おおすみ」が専守防衛の「運ぶ船」から米軍とともに「戦う船」に変身する過程で起こった事件ということになる。

　この間2016年7月1日付で、「おおすみ」を含む呉の輸送艦3隻は、定係港はそのまま、横須賀に司令部のある掃海隊群に編入された。輸送艦が

掃海隊、つまり機雷を敷設または無力化することを主任務とする部隊に所属するのは奇異な感じも受ける。しかし海上自衛隊が横須賀を母港とする米国海軍第7艦隊の補助部隊として発展してきた経緯と、第7艦隊の掃海部隊は佐世保にいる4隻にすぎず海上自衛隊の掃海艦艇のほうが充実していることを考慮すると、日米共同作戦での「おおすみ」の使われ方が想像できる。上陸作戦には事前の機雷処理と航空優勢が必要なのだ。

なお、現在の輸送艦「おおすみ」は海上自衛隊では二代目だ。初代は1961年に米国海軍から払い下げを受けた戦車揚陸艦（LST）3隻で、「おおすみ」「しもきた」「しれとこ」と命名された。全長100メートル、基準排水量1650トン。後継艦は1972年以降に就役した国産の「あつみ型」3隻（「あつみ」「もとぶ」「ねむろ」）で89メートル、1480トン。小型の「ゆら型」2隻を別とすると、「あつみ型」のの後継艦は1975年から就役した「みうら型」3隻（「みうら」「おじか」「さつま」）で98メートル、2000トン。その後継艦が1998年から就役した現在の「おおすみ型」3隻（「おおすみ」「しもきた」「くにさき」）であって、178メートル、8900トン。自衛隊の輸送艦にはすべて半島の名前がつく。同じ輸送艦でも「みうら型」までは海岸に乗り上げて物資を陸揚げするビーチング法式だったのが、「おおすみ型」に至って巨大化し、エア・クッション艇や水陸両用車での陸揚げ方式となった。

「おおすみ型」の後継艦を海上自衛隊はまだ公募していない。しかし2017年に幕張メッセで行われた海洋安全保障国際会議・装備展示会（MAST Asia 2017）には三井造船が、また2019年に同じく幕張メッセで開催された国際武器見本市（DSEI JAPAN 2019）にはマリン・ユナイテッドが、ともに1万9000トンという、より巨大な強襲揚陸艦の提案をした。西太平洋に、インド洋に、海上自衛隊はどのように「雄飛」するのだろうか。

真相究明会の発足

「おおすみ事件」の真相究明を求め、被害者の救援を求める運動は、早くから始まっている。

2014年2月16日、「ヒロシマ勤労者釣りの会」は総会決議の中で、次のように述べた。。

「私たちの仲間も、『自衛艦や潜水艦を見るのはしょっちゅうだ、巨大艦はゆっくりと走っているようでも速度を出しているし、小回りがきかない。阿多田島沖からスピードをいつも出しており、いつも恐ろしいものとして見ている』と話しています。」

「大型輸送艦『おおすみ』が安全確認を怠ったのか、釣り船が無謀な航行をしたのか、瀬戸内海の安全航行が確保されるために厳正な真相究明を求めます。私たちが危惧するのは、このような戦艦（いくさぶね）の航行がさらに多くなるのではないか、その際私たちのような小さい船の安全が守れるのかということです。

この地で釣りを愛する私たちは、地域の平和が不可欠なことを知っています。瀬戸内海を再び軍が横暴を振るう海にならないよう改めて注視していくことを決意しています。」

市内各所に慰霊碑の残る原爆被災地の広島から小型船を瀬戸内海に浮かべて、日常的に大型艦や戦闘機を目の前に見てきた人々の実感だろう。同じ広島県の呉は戦前からの軍港で、かつて戦艦「大和」が建造されたところであり、広島の西、山口県岩国は米国海兵隊の基地だ。

事件に注目したのは釣り人だけではない。広島のジャーナリスト、労働組合、法曹界、市民運動などの連携により、「自衛艦"おおすみ"衝突事件の被害者を支援し、真相究明を求める会」（以下「真相究明会」と略す）が発足したのは、事件発生から半年あまりが過ぎた2014年7月26日のことだった。

私が真相究明会の活動にかかわるようになったのは、この集会を準備さ

れた方々のひとり、元広島市議会議員の皆川恵史さんが拙著『あたご事件
イージス艦・漁船衝突事件の全過程』を読まれ、7月17日に連絡をくださっ
たのが最初だった。「おおすみ事件」のことは報道で承知していたが、情
報の少ないことを残念に思っていたところで、すぐに集会に参加させてい
ただくと返事をした。

　広島市西区の生協けんこうプラザで午後2時から始まった真相究明会の
発足集会には、107人が参加した【図6】。

　はじめに呼びかけ人を代表して皆川さんがあいさつし、被害者の声を伝
えた。

「後ろを向いて座っていた寺岡さんは、『おおすみはずっと見えていた
けど、まさかそのまま突っ込んで来るとは思ってもいなかった』と　おっ
しゃっています。前を向いて座っていた伏田さんも『ボ、ボーッという音
とともにおおすみが真横に来ていて、あっという間に転覆した』とおっ
しゃっています。今日は体調を崩して参加できていませんが、亡くなられ
た大竹宏治さんの奥様が私に語られた言葉を紹介させていただきます。『福
島県で農業をやっていた弟が原発による風評被害で自殺した。「国に殺さ
れたようなものだ」と母が嘆いていた。今度は私の夫まで国に殺された。
私は、絶対に許せない。』」

図6　「おおすみ事件」真相究明会の発足集会。著者撮影

大竹夫人は翌2015年1月に亡くなった。

集会では続いて、亡くなった「とびうお」船長の伴侶、栗栖紘枝さん、被害者の寺岡章二さん、同じく伏田則人さんが支援への謝辞を述べた。

伏田さんは国家賠償請求訴訟が始まる前に亡くなった。栗栖さんも2020年4月7日に故人となった。事件の真相追究の半ばで主立った関係者を次々と失ったことに、深い悲しみを覚える。

集会のメイン報告は、田川俊一弁護士（日本海事補佐人会会長）による報告「過去の自衛艦事件の特徴と"おおすみ"事件」だった。田川弁護士は「なだしお事件」の被害船「第一富士丸」近藤万治船長の弁護団長として活曜され、「あたご事件」では海難審判・刑事裁判を傍聴して適時適切なコメントを発表された。今回の「おおすみ事件」では手弁当で東京から広島に通い、裁判に協力すると申し出られていた。以下は報告の要点。

「潜水艦と遊漁船が衝突して30人が亡くなった『なだしお事件』では、なだしお側は 航泊日誌を改ざんし、衝突時刻を2分遅らせるなどの証拠隠滅・公文書偽造までして責任逃れをはかった。海難審判・法廷でも偽証の数々があった。

今回の事件の争点は、海上衝突予防法13条1項の規定（追い越し船の義務）が適用されるかどうかだ。寺岡さん、伏田さんはともに、おおすみが後方から接近してきて衝突したと証言している。

6月5日の送検時の第6管区海上保安本部発表で、次の点が問題だ。おおすみは『とびうおに対する見張り不十分でその動静を十分に把握せず、適時適切な操船を行わなかった』。 とびうおは『周囲の見張りを怠り、適時適切な操船を行わなかった』。とびうお船長は前方を見ながら操船していたが、後方から来るおおすみを見ていなかったことが『周囲の見張りを怠り』とされ、初めから『とびうお』の責任が大きいと認識されてしまっている。

現在、運輸安全委員会船舶事故調査委員会が調査中であり、刑事事件としては検察が起訴するかどうか、つまり裁判が行われるかどうかの判断が

なされる。ぜひ起訴させ、公判の場で事件の真相究明をすることが重要だ。」

　続いて私が「あたご事件」の経過、とくにその刑事裁判の異常性について報告した。

「海難審判では事故原因に『あたごの主因』を認定し、海上自衛隊に安全運航を求める勧告をした。長期にわたる刑事裁判の中では、海上自衛隊の秘密体質が明らかになり、また高圧的なあたご側弁護人に対して裁判長からの注意があったりした。それでも『あたご』側が無罪となったのは、被害漁船の僚船乗員の証言を退け、『あたご』乗員の証言を採用したのと、検察の捜査がずさんであることが追及されたためであって、納得できない。判決確定後、防衛省は『あたご』乗員の処分の見直しをしたが、海上自衛隊内の規定違反が明白であったため、処分の全面撤回はしなかった。」

　この後の質疑討論では、多くの釣り愛好者やプレジャーボート所有者から、瀬戸内海で自衛艦に出合い危険を感じた例が生々しく証言された。また海自艦は海技免許なしに運航できることへの批判が集まった。

　集会の最後に真相究明会の結成を決め役員を選出し、運動としては「公判開始要請署名」を集めることにした。8月6日の原水爆禁止世界大会当日の広島平和公園では、多数の署名が集まったという。会の代表委員には次の6名が就任した。

　　春山忠孝・ヒロシマ勤労者釣りの会会長

　　本藤修・非核の呉港を求める会代表世話人

　　川后和幸・広島県労働組合総連合会会長

　　池上忍・自由法曹団広島支部事務局長

　　難波健治・日本ジャーナリスト会議広島支部代表幹事

　　新田秀樹・ピースリンク広島・呉・岩国 世話人

　事務局には皆川恵史（元広島市議会議員）松村節夫（安保をなくす広島の会）ほか4名が当たることになった。

　この後、真相究明会は被害者・遺族とともに活動を続けていくことになる。

　私は真相究明会発足集会の翌日、岩国で市民平和運動を進めておられる

みなさんのご案内で米軍岩国基地をフェンスの外から見たが、その横には「おおすみ事件」発生の現場海域が広がっていた。「とびうお」が向かっていた甲島は、海上に兜をかぶせたような形の面積 0.14 平方キロの無人島、まことに小さな島だった【図7】。

図7　米軍岩国基地脇から見た甲島。海上に浮かんでいるのは牡蠣養殖用のイカダ。著者撮影

海技免許なしの運航

　21 トン以上の船舶に船長、航海士、機関士等として乗り組むためには、「船舶職員及び小型船舶操縦者法」により国家資格としての海技士の免状取得を必要とする。船舶事故を起こすと海難審判の採決で海技士免許を取り消されたり、業務停止を言い渡されることもある。しかし自衛艦艇は適用除外とされ、海技士免許がなくても海上自衛隊独自の資格で大型艦も運航することができる。また少数だが海技士免許を持つ自衛隊員でも、自衛艦を運航するに当たっては自衛隊独自の資格が優先する。

　事故当時、「おおすみ」の田中久行艦長は運航1級、西岡秀樹航海長は運航2級の防衛省基準で運航していた。「とびうお」のほうは5トン未満なので運航に海技士免許は不要だが、小型船舶操縦士の免許を必要とする。

高森昶船長は１級小型船舶操縦士と特殊小型船舶操縦士（水上バイク免許）の資格を持っていた。

海上自衛隊の例外規定については、2016年2月16日の衆議院予算委員会における政府答弁が分かりやすい。

中谷元防衛大臣「自衛隊において、護衛艦等を運航する場合には、自衛隊内の資格を保有していれば足りるわけでありまして、国家資格であります海技資格、これは必要ございません。」

石井啓一国土交通大臣「民間船舶に乗船するために必要な海技資格を取得するためには、一定期間の乗船経験、海技士国家試験の受験及び消火、救命等の講習の受講が必要であります。　海上自衛官に対しましては、自衛隊内の乗船経験を必要な乗船経験として認めているほか、術科学校を卒業している自衛官については筆記試験及び講習の免除を可能としておりまして、速やかに海技資格の取得が可能となる運用を行っているところでございます。　こういった特例措置を受けた合計の人数については把握をしておりませんけれども、直近の５年間で申し上げれば、この制度を活用し135名の海上自衛官が海技資格を取得されています。」

防衛省基準で運航２級を取得すると護衛艦の航海長ができ、これは民間の２等航海士海技資格に相当するとされる。２級と２等は同格だというわけだ。民間では専門課程のある東京海洋大学か神戸大学で４年間学んで外航船を運航する３級海技士資格を得、一般大学卒業の場合は就職後に海上技術大学校で２年間学ぶが、海上自衛隊では１年の幹部候補生課程と半年の練習航海で終了させている。これで防衛省基準と民間の海技資格が同等と言えるだろうか。

防衛省基準の自衛艦運航資格を持っていても、民間船は海技免許がなければ運航できない。海上自衛隊には「おおすみ」のような大型輸送艦は３隻しかなく、大部隊の人員・物資輸送にこれでは不足するので、訓練等でも民間船が使用されるが、この場合の民間船も自衛官ではなく民間の海技免許取得者が運航する。

2016年2月には民間フェリーを自衛隊に優先提供する「高速マリントランスポート」社が設立され、「ナッチャンWorld」「はくおう」の2隻が運用されるようになった。「ナッチャンWorld」は青森と函館の間を運航していたフェリーで双胴船だが、甲板は戦車も搭載できるように改造された。「はくおう」は敦賀と小樽を結んでいたフェリーで、29.4ノットの高速が出せる。有事にはこの2隻は予備自衛官を含む自衛官が運航するが、あくまでも民間船なので、この場合でも海技免状が必要になる。自衛隊には大型フェリーを運航できる有資格者は2016年当時、8人しかいなかった。そのためマリントランスポート社は「予備自衛官希望者の雇用を期待」することになった。

　予備自衛官となった民間会社の船員も、防衛招集を拒否すれば自衛官と同じように処罰される。船員の組織する全日本海員組合はこのような新制度を「事実上の徴用」として断固拒否の態度を表明した。アジア太平洋戦争中に徴用され戦没した民間船は7240隻、6万人超の民間船員犠牲者を出したことを想起するからだ。神戸市海岸通にある「戦没した船と海員の資料館」には、戦没した民間船の写真がずらりと並んでいる。

　2016年の国会で、自衛官の海技資格が問題になったのは、このような背景からだった。

海上衝突予防法

　海上交通では、よく見張りをし、規則を守って運航すれば衝突の危険はない。そのための規則が海上衝突予防法である。この法律は1953年に制定された後、1972年の国際海上衝突予防規則（条約）に準拠するよう改正され、以後も国際海事機関（IMO）の規則改正のたびに改正されてきた。国際標準の法令ということになる。船舶の種類、大小、推進方法、用途にかかわらず、水上にあるすべての船舶に適用される。もちろん自衛艦艇にもエア・クッション艇にも適用されるが、潜航中の潜水艦や離水した水上

航空機には適用されない。船舶の遵守すべき航法、灯火等、信号を定めることで、海上交通の安全を図っている。

　以下、同法第2章「航法」から重要部分を抜粋して引用する。原文では促音の「つ」が小字になっていなかったり、常用漢字外が平仮名になっていたりするが、その部分は読みやすいように変更した。

　第5条（見張り）　船舶は、周囲の状況及び他の船舶との衝突のおそれについて十分に判断することができるように、視覚、聴覚及びその時の状況に適した他のすべての手段により、常時適切な見張りをしなければならない。

　第6条（安全な速力）　船舶は、他の船舶との衝突を避けるための適切かつ有効な動作をとること又はその時の状況に適した距離で停止することができるように、常時安全な速力で航行しなければならない。この場合において、その速力の決定に当たっては、特に次に掲げる事項……を考慮しなければならない。

一　視界の状態

二　船舶交通の輻輳の状況

三　自船の停止距離、旋回性能その他の操縦性能

七　自船のレーダーの特性、性能及び探知能力の限界

八　使用しているレーダーレンジによる制約

九　海象、気象その他の干渉原因がレーダーによる探知に与える影響

十　適切なレーダーレンジでレーダーを使用する場合においても小型船舶及び氷塊その他の漂流物を探知することができないときがあること

十一　レーダーにより探知した船舶の数、位置及び動向

十二　自船と付近にある船舶その他の物件との距離をレーダーで測定することにより視界の状態を正確に把握することができる場合があること

　第7条（衝突のおそれ）　船舶は、他の船舶と衝突するおそれがあるか

どうかを判断するため、その時の状況に適したすべての手段を用いなければならない。

　2　レーダーを使用している船舶は、他の船舶と衝突するおそれがあることを早期に知るための長距離レーダーレンジによる捜査、探知した物件のレーダープロッティングその他の系統的な観察等を行うことにより、当該レーダーを適切に用いなければならない。

　4　船舶は、接近してくる他の船舶のコンパス方位に明確な変化が認められない場合は、これと衝突するおそれがあると判断しなければならず、また、接近してくる他の船舶のコンパス方位に明確な変化が認められる場合においても、……近距離で他の船舶に接近するときは、これと衝突するおそれがあり得ることを考慮しなければならない。

　5　船舶は、他の船舶と衝突するおそれがあるかどうかを確かめることができない場合は、これと衝突するおそれがあると判断しなければならない。

　第8条（衝突を避けるための動作）　船舶は、他の船舶との衝突を避けるための動作をとる場合は、できる限り、十分に余裕のある時期に、船舶の運用上の適切な慣行に従ってためらわずにその動作をとらなければならない。

　5　船舶は、周囲の状況を判断するため、又は他の船舶との衝突を避けるために必要な場合は、速力を減じ、又は機関の運転を止め、若しくは機関を後進にかけることにより停止しなければならない。

　以上、第8条までは常識的かつ詳細な規定だが、事故を検証しようとするとき、いちいち思い当たる条項が並んでいる。「おおすみ」「とびうお」ともに十分な見張りをしていたか、安全な速度で運航していたか、「衝突のおそれ」を正しく認識していたか、が問われるだろう。

　以下の第13条から第17条までの規定では、接近した2隻の船の関係が「追越し」「行会い」「横切り」のどのケースであるかによって衝突防止の

方法が異なっている。互いにどのケースに当たるかを判断して対処しなければならない。「追越し」の範囲は広い【図8】。「行会い」はすれ違い、「横切り」は交差すること。「おおすみ事件」の場合には、「追越し」であるか「横切り」であるかが問題になる。

　第13条（追越し船）　追越し船は、この法律の他の規定にかかわらず、追い越される船舶を確実に追い越し、かつ、その船舶から十分に遠ざかるまでその船舶の進路を避けなければならない。

　2　船舶の正横後22度30分を超える後方の位置……からその船舶を追い越す船舶は、追越し船とする。

　3　船舶は、自船が追越し船であるかどうかを確かめることができない場合は、追越し船であると判断しなければならない。

　第14条（行会い船）　2隻の動力船が真向かい又はほとんど真向かいに行き会う場合において衝突するおそれがあるときは、各動力船は、互いに他の動力船の左舷側を通過することができるようにそれぞれ針路を右に転じなければならない。（後略）

　第15条（横切り船）　2隻の動力船が互いに進路を横切る場合において衝突するおそれがあるときは、他の動力船を右舷側に見る動力船は、当該

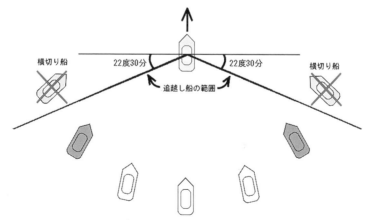

図8　追越し船の範囲。海難審判所HPより

他の動力船の進路を避けなければならない。この場合において、他の動力船の進路を避けなければならない動力船は、やむを得ない場合を除き、当該他の動力船の船首方向を横切ってはならない。

　第16条（避航船）　この法律の規定により他の船舶の進路を避けなければならない船舶（次条において「避航船」という。）は、当該他の船舶から十分に遠ざかるため、できる限り早期に、かつ、大幅に動作をとらなければならない。

　第17条（保持船）　この法律の規定により2隻の船舶のうち1隻の船舶が他の船舶の進路を避けなければならない場合は、当該他の船舶は、その針路及び速力を保たなければならない。

　2　前項の規定により針路及び速力を保たなければならない船舶（以下この条において「保持船」という。）は、避航船がこの法律の規定に基づく適切な動作をとっていないことが明らかになった場合は、同項の規定にかかわらず、直ちに避航船との衝突を避けるための動作をとることができる。この場合において、これらの船舶について第15条第1項の規定の適用があるときは、保持船は、やむを得ない場合を除き、針路を左に転じてはならない。

　3　保持船は、避航船と間近に接近したため、当該避航船の動作のみでは避航船との衝突を避けることができないと認める場合は、第1項の規定にかかわらず、衝突を避けるための最善の協力動作をとらなければならない。

第 **2** 章

事故原因は「とびうお」の右転？

国土交通省報告の衝撃

「おおすみ事件」は、3つの公的機関により衝突事故原因の調査が行われた。

1. 国土交通省運輸安全委員会の船舶事故調査報告書は公表されるが、あくまでも再発防止に資するもので、事故責任者に処罰を与えるものではない。

2. 海上保安庁が捜査を行い、その結果に基づいて検察が被疑者を起訴するかどうかを判断する。起訴されれば刑事裁判が行われ、判決で被告人の有罪・無罪が決まる。

3. 防衛省艦船事故調査委員会が独自の調査を行い、その結果に基づいて防衛省・自衛隊内での処分が行われる。

このうちでは運輸安全委員会の報告書（本章では以下「報告書」）がもっとも早く、事故発生から1年後の2015年1月29日に公表された。50ページに及ぶ詳細なもので、5部構成になっている。マスメディアが独自の後追い取材・報道をほとんどしなかったので、この報告書で初めて事件の詳細が明らかになった。また後の裁判でより詳細・正確なデータが明らかになるまでは、この報告書に記載されたデータで論議せざるを得なかった。次のような報告書の事故原因部分は、「おおすみ事件」評価の基調を形成した。

「本事故は、阿多田島東方沖において、A船が南進中、B船が南南西進中、A船が針路及び速力を保持して航行し、また、B船がA船の左舷前方から右に転針してA船の船首至近に接近したため、A船が回避しようとして減速及び右転したところ、更に両船が接近して衝突したことにより発生したものと考えられる。」

ここでいうA船は「おおすみ」、B船は「とびうお」のこと。「とびうお」が右転して「おおすみ」の船首に接近したことが衝突の原因だと判断している。どのような事実認定・分析のうえ、このような結論に至ったか、以下、報告書を読む。

AIS 記録

運輸安全委員会が事故原因の判断のうえで主に依拠したのは、①「おおすみ」の AIS 記録、②「おおすみ」のレーダー記録、③「おおすみ」艦橋の音声記録、④「おおすみ」「とびうお」乗員からの聞き取り、⑤阿多田島からの目撃情報とその検証　だった。詳細で堅実な捜査の結果のように見えながら、後に次第にずさんな捜査であったことが判明していく。まず AIS 記録から見てみよう。

報告書は註記で AIS を「船舶自動識別装置とは、船舶の識別符号、種類、船名、針路等に関する情報を自動的に送受信し、船舶相互間、陸上局の航行援助施設等との間で交換できる装置をいう」と説明している。船から発信した情報が人工衛星を通じて他船と陸上局に伝えられ、また記録される。航行する船が近くの船の状況を確認したり、特定の海域では地上の海上交通センター等が航行中の船に指導を与えるための情報として使われる。条約でも国内法でも、大型船には AIS 装置の搭載が義務づけられている。

誰でもマリン・トラフィック（MarineTraffic）のサイトから、AIS 情報を利用して特定の船の現在位置や行き先などを知ることができる。ただし過去の航跡を辿ろうとすると、同社から情報を購入しなければならない。報告書は「民間情報会社が受信した」記録を使用しているが、この会社とははマリン・トラフィックのことだろうか。

報告書の2〜3ページに掲載されているのは、7 時 30 分 09 秒から 8 時 01 分 59 秒までの AIS 記録の抜粋だ【図 9】。「とびうお」に追い越されたあたりから、のち「おおすみ」が速度を上げたこと、針路を変えたこと、衝突の危険を感じて速度を下げ右転したことが、船位、針路、速力の数値で分かる。ただし「おおすみ」は大型艦なので、艦の位置といっても艦橋の位置であり、艦首や艦尾の位置とは微妙に異なる。「おおすみ」の艦橋は中央より艦首寄り、艦首に向かって右側にあり、この艦橋の上部に情報を発信するアンテナがある。

07:54:51	34-13.31952	132-19.83840	179.8	180	16.9
07:55:21	34-13.17882	132-19.83960	179.8	180	17.1
07:56:21	34-12.89088	132-19.84368	179.6	180	17.3
07:57:21	34-12.60192	132-19.84650	179.6	180	17.4
07:58:09	34-12.37002	132-19.84860	179.7	180	17.4
07:59:09	34-12.07872	132-19.85052	179.2	179	17.4
07:59:21	34-12.01620	132-19.85112	179.6	179	17.4
07:59:45	34-11.90568	132-19.85142	180.0	180	17.3
07:59:51	34-11.87700	132-19.85118	180.4	181	17.1
07:59:57	34-11.84412	132-19.85052	182.0	184	16.6
08:00:02	34-11.82132	132-19.84878	185.5	191	15.9

図9　運輸安全委員会報告書に掲載された「おおすみ」のAIS情報（部分）。左から、時刻、船位・北緯、同東経、対地針路、船首方向、対地速力。衝突後まで速力がほとんど落ちていないことが分かる。

　AIS記録により、「おおすみ」が衝突を避けるための減速で実際に速度が落ち始めたのが、衝突を8時ちょうどとすれば、その15秒前くらいからだったことが分かる。減速の指示があっても実際に減速するまでにはかなりのタイムラグがある。7時59分21秒の速度は17.4ノット、59分45秒で17.3ノット、そして衝突後と思われる8時00分2秒でも15.9ノットまでしか落ちていない。この時点でも「とびうお」の推定速度より早い。

　また「おおすみ」の針路については、7時54分51秒から180度で航行していたところ、衝突回避のため面舵一杯（全力で進行方向を右に向ける）をかけ、181度になったのが59分51秒、8時00分02秒で191度。まさに「おおすみ」の右転中に衝突したことになる。

「とびうお」は小型船のためAIS装置の搭載は義務づけられておらず、実際に搭載していなかった。AIS記録で「とびうお」の航跡をたどることはできない。船位を記録できるGPSプロッターは搭載していたが、水没のためデータは失われた。

レーダー記録

「おおすみ」は 3 種のレーダーを搭載していた。対空捜索用 OPS-14C、水上捜索用 OPS-28D、航海用 OPS-20 だ。事件発生当時は内海を航行しており敵の来襲に備える必要もないので、OPS-28D だけを運用していた。CIC（戦闘指揮所）では「おおすみ」はこの OPS-28D レーダーで受信した情報から、OPS-3E 指示器の画面で要注意対象を監視していた。艦橋と CIC にあるレーダー指示器 OPS-6D でも、同じ OPS-28D レーダーからの映像を見ることができた。

　報告書は、「レーダー映像によるとびうおの位置情報等」を 4 ページに表にしている。これは「おおすみ」の船首方位（どちらの方角に向いていたか）、「おおすみ」からの「とびうお」の方位（どちらの方向に見えたか）、「おおすみ」から「とびうお」までの距離の一覧である。

　OPS-28D レーダーは 15 秒で回転するので、映像記録も 15 秒ごとのものになるが、報告書で表になっているのは 7 時 31 分 06 秒から 55 分 21 秒までの 21 場面だ。肝心の衝突前後の情報はない。これは報告書によれば、7 時 55 分 36 秒ごろ以降は「とびうお」が「海面反射に紛れており、特定することはできなかった」ためとされている。つまり衝突直前の「とびうお」の動きは、「おおすみ」のレーダー記録では分からない。

　両船の位置関係は報告書 42 〜 44 ページの付図「推定航行経路図」では、「おおすみ」が左転して針路を 180 度にして以後は、両船とも直線で表示され、両船間の距離が次第に縮まっていく様子が描かれている【図 10】。

　報告書 45 〜 47 ページには、7 時 50 分 21 秒ごろから 55 分 21 秒ごろまでのレーダー映像 6 点が付図 4 として掲載されている。指示器に表れた映像だが、これらの画面中に位置する各船の記号はいっさいない。「おおすみ」は「とびうお」を要監視対象としてレーダーでプロットしていなかった。ではどのようにして「とびうお」を映像中から識別したのか、報告書には記載がない。

図10 運輸安全委員会の船舶事故調査報告書、付図の推定
航行路図。点線で示したB船（とびうお）の推定航
路はわずか5分間の平均針路の延長線にすぎない

　奇妙なのは4ページの表の註で、「おおすみ」船務長の口述によれば「本
事故後、レーダーに表示される時刻が約1分6秒遅れていた」ため、表示
時刻に1分6秒を加えた時刻の表にしたとされていることだ。確かに例え
ば報告書の付図で「07時50分21秒ごろ」とされている映像の左下には
「14/01/15　07:49」と表示があり、1分ずれている【図11】。

　同じ7時49分表示の映像は15秒ごとに4点あるはずだが、そのうちの
何点目かはこれでは分からない。

　それにしても全部署での時計合わせをせずに、計器が誤った時刻表示の
まま出航したのか。実際の時刻と1分以上ずれていても誰も気にしなかっ
たのだろうか。この件はのちに、海上保安庁の捜査記録と、国家賠償請求

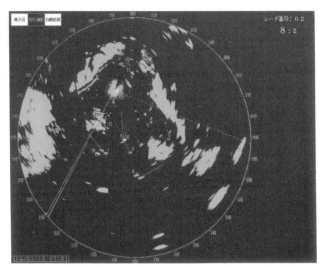

図 11　運輸安全委員会報告書に付された「おおすみ」のレーダー画像の一例。「07 時 52 分 21 秒ごろ」とされているが、画面左下の時刻表示は 1 分ずれている。

訴訟での証人尋問で、少し解明される。

　また、レーダーの捜索レンジは、4 マイルだったのを途中からわざわざ 8 マイルに、つまり遠くを見るように変えていることがこの「レーダー映像によるとびうおの位置情報等」の表から分かる。

音声情報

「おおすみ」艦橋操舵室の左右の天井には簡易型艦橋音響等情報記録装置が設置されていた。「あたご事件」の教訓から、事故の検証のためにはドライブレコーダーのようなものが必要だとして、自衛艦の艦橋に設置されるようになったものだ。運輸安全委員会の報告書はこの機器を「航行中の艦橋内の号令、指示及び艦橋・戦闘指揮所間の交話を常時記録する装置」と説明して、報告書 5 ～ 6 ページにこの装置からの「音声等の情報（抜粋）」、7 時 56 分 25 秒から 8 時 00 分 49 秒までの分を掲載している。「音響『等』

情報記録装置」なので、この装置はマイクだけでなくビデオカメラも一体になっていたのだろうが、報告書はビデオ映像については触れていない。

　報告書に掲載された音声情報は大雑把なもので、各音声情報それぞれの時刻を記載するのではなく、「07時56分25秒〜30秒」などと、幅のある時間帯をまとめて記載している。それでも「おおすみ」から「とびうお」をどのように注視していたか、また「おおすみ」がどのように衝突回避行動をしたかがこの音声情報から分かる。

　なお報告書では当時航海長が当直士官に当たっていたため、同人を「航海長」と表記している。海上自衛隊訓令第17号によれば、航海長とは、船務長（CICの運用等の担当）、砲雷長（ミサイル、砲等の兵器担当）、機関長（エンジン等の機器担当）等とならび艦長のもと航海、信号、見張、操艦等を担当するポストだ。当直士官は幹部の輪番で、艦長が直接艦の指揮を執らない間の艦の指揮を代行し、「航海中における航行及び運転に関する業務並びに信号及び見張の指揮監督を行う」。自衛艦乗員服務規則によれば、1等海尉以上の階級の者で運航2級以上の資格を持つ者が交代で当直士官となる。

　艦橋音声情報からは、各部署からの報告、各部署への指示など艦橋の様子が良く分かる。

　目視による見張りでは、「とびうお」船長が「こちらを視認しているか」と航海長に問われた左見張員が、方向と距離を教えられていながら長時間経ってから回答していることが分かる。

　レーダー監視については、この表の時間帯は前項の「レーダー記録」で述べたように「海面反射に紛れて」監視不能になっていたとされる。

　艦長が「両舷停止だ」と発声したのが7時59分40秒、これは59分43秒までに航海長、操舵員の発声へとつながっているが、5回の汽笛音が入ったのち、8時00分02秒から04秒までの間に再び航海長、操舵員、伝令の「両舷停止」の発声が入っている。

　機関が停止してもまだ行き足はあるので、8時00分20秒から22秒の

間に「後進一杯」がかかりようやく艦は停止したが、この時点では「とびうお」は転覆し「おおすみ」の後方にいた。4人の「とびうお」乗員は海に投げ出されていた。00分24秒に発言者不明で「作業艇用意」の音声が入り、落水者救助活動が始まる。

事故発生までの経過

　事故発生までの経過について報告書は、「おおすみ」艦橋の様子を、艦長、船務長、航海長、左見張員からの聞き取りと、航泊日誌、事故経過整理表を元に、6〜8ページに記述した。民間船は船員法で、出入港、針路、機関の回転数など、航行・停泊の動静を時系列で記録する航海日誌を船内に備えることが義務付けられている。自衛隊で航海日誌に当たるものが航泊日誌だ。なお報告書の作成に使用された「おおすみ」の航泊日誌と事故経過整理表自体はこの報告書に直接引用されてはおらず、のちに国家賠償請求訴訟で原告の請求により提出された。以下、本書第1章の記述と内容的には重複するが、報告書7〜8ページの記述を整理してみる。

　なお艦橋には、進行方向右から艦長、航海長＝当直士官、船務長の順で横に並んでいた。「A船」は「おおすみ」、「B船」は「とびうお」のこと。

　7時49分ごろ、艦長は次の変針によってB船と進路が交差する可能性があるので、「B船の動静に注意するように当直士官の航海長に指示」して、いったん艦橋から降りた。報告書に掲載された艦橋の「音声等の情報」は7時56分25秒から始まっているので、7時49分ごろの艦長指示が具体的にどのようなものだったかは報告書からは確認できない。

　7時54分ごろ、航海長は180度への針路変更を指示し、同時に「左舷前方に位置することとなったB船の方位変化を確認し始めた」。このとき船務長は、「目測でB船との距離が900m以上あると感じた」。船務長は当直メンバーではないが、航海長の横にいて操艦に助言をしていた。

　7時55分ごろ艦長は艦橋に戻り、「とびうお」とは阿多田島南方で交差

する横切り関係にあると判断し、状況に応じて距離を空けるための変速を考えた。

7時56分ごろ航海長は「B船の方位が右方に少しずつ変化している（B船がA船の船首方を通過する態勢）ことをレピーターコンパスで確認」

7時57分ごろ航海長は「左見張員Aに対してB船の操舵室内にいる操縦者（以下「船長B」という。）がこちらを見ているか確認するよう指示した。左見張員Aは、見張台に設置された双眼鏡で確認したところ、船長BがA船の方に顔を向けていたので、船長BがA船の方を見ていると報告」。艦長と航海長は見張員の報告を聞き、「B船がA船に対して危険な動きをすることはないと思った。」

7時57分から58分にかけて船務長は、「目測で左舷船首約50°の方向を550m以上離れて約17knの速力で航行していたB船の方位変化を艦橋の窓枠を用いて確認したところ、右方に変化していたので、」航海長に対して「B船を先に行かせるよう助言した。」航海長は「速力を2、3kn落とせば、B船がA船の前方をより安全に通過することができると考え、現在の速力よりも1段階下げるよう艦長Aに進言した。」

7時59分ごろ、艦長は「減速が不十分だとは思わなかったが、減速の効果をより高めようとし、更に1段階速力を落とすよう」航海長に指示した。

左見張員は、「左舷前方のB船との距離が少しずつ縮まる状況であったが、07時59分ごろ急に接近してきたように感じたので、双眼鏡の方位目盛でB船の方位を確認し、左舷船首約50°のB船が近づいてきたことを報告した。」

艦長は、「B船が急に接近してきたように感じ、両舷前進微速に続き、両舷停止及び警告信号の吹鳴とともに、B船がA船の船首を横切ろうとしているように見えたので、右舵一杯を航海長に指示した。」

艦長と船務長は、「5回目の汽笛が鳴り終わった直後、B船がA船に対して直角に近い約250°の針路で船首方至近に向けてきているように見えた後、A船の左舷船首の救命いかだ付近の甲板の陰に入って見えなくなった。」

「おおすみ」が衝突の危険を感じて回避措置を取ったのは7時59分台であり、衝突までの約1分間の分析が重要であることが分かるが、報告書の記述からは秒単位の対応は分からない。また、4人の供述者は「とびうお」の接近を見たが、「とびうお」が右転したとは供述していない。

衝突の視認供述

「おおすみ」の艦橋は右に寄っているので、自艦の左舷付近の海上は死角になって見えにくい。そのため艦橋の操舵室からも左見張員も衝突の瞬間は見えていないが、甲板から衝突を見た乗員はいた。報告書8〜9ページの記載を見る。

　左見張員は「1回目の汽笛を聞いた頃、自身の位置から直線距離で100〜200メートル付近に接近し、5回目の汽笛が鳴り終わった後、左舷船首約30度〜40度の甲板の陰に入って見えなくなった」と供述している。「100〜200メートル」とはずいぶん幅のある表現だが、左見張員の供述のとおりだとすると、「とびうお」は「おおすみ」に100〜200メートルまで近づいて大音響の汽笛を聞いても、針路を変えて衝突を避けることをしなかった、あるいは針路を変えることができなかったことになる。

「おおすみ」の甲板から両船の衝突を目撃したのは、3人の乗員だった。それぞれ「乗員A1」「乗員A2」「乗員A3」と表記されている。みな見張員ではないが甲板にいて、衝突寸前に「おおすみ」が警告信号として汽笛を鳴らしたので、何事かと海上を見たのだ。

　一人目。「乗員A1は、最上層の全通甲板である第1甲板の左舷後方寄りにおり、汽笛を聞いた後30秒ぐらいして周囲を見たとき、B船が、A船の左舷船首至近で船側線に対して約20°〜30°で交差する態勢からA船の船側線と平行する態勢となって船尾方向へ下がり、近くの左舷船側外板に接触した後、左舷側に傾き、ブルワークを越えて海水が浸入し、船尾付近で左舷側に転覆したのを目撃した。」

「ブルワーク」とは、船の舷側上部の、波の侵入を防ぐ囲いのこと。

なお乗員 A1 は、報告書 11 ページの記述によれば、「B 船が転覆したのを目撃した後、すぐに甲板上から艦橋に向かって『転覆』と数回叫んだ」人物でもある。接触から転覆までの一部始終を見た貴重な証言だが、この証言のとおりだとすると、「とびうお」は汽笛を聞いてから 30 秒も逃げようとはしなかったことになる。

二人目。「乗員 A2 は、乗員 A1 のいた第 1 甲板直下の第 2 甲板上で汽笛を聞いて周囲を見たとき、B 船が、左舷船首の船側から約 10 m 離れて並んだ位置から A 船の船尾方向へ平行に下がり、近くの左舷船側外板に衝突したのを目撃した。」

A2 が「とびうお」を見たのは 5 回の汽笛の何回目あたりだったかは不明だが、このとき両船の距離は 10 メートルしかなかったという。

三人目。「乗員 A3 は、乗員 A2 より船首側で舷外に背を向けて休憩していたところ、汽笛を聞いてすぐに周囲を見たとき、B 船が、左舷船首 50 ～ 60 m 付近から A 船の船首前方至近を横切るような針路で航行した後、A 船の船側線と平行する態勢となって船首側から船尾方向へ下がり、近くの左舷船側外板に衝突したのを目撃した。」

A3 が「とびうお」を見たのは「汽笛を聞いてすぐ」だが、このとき「おおすみ」と「とびうお」の距離は 50 ～ 60 メートルだったという。

報告書 8 ページに A1 の口述を図化したものが掲載されている【図 12】。

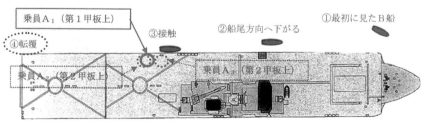

図 12 「おおすみ」乗員が甲板から目視した「とびうお」との衝突の状況。
運輸安全委員会の船舶事故調査報告書より

これを見ると A1 が第 1 甲板上、A2 と A3 が第 2 甲板上と上下の違いがあるが、みな艦の長さのうち艦首から 3 分の 2 くらいの位置にいた。みな衝突場所のすぐ上にいたわけだ。「おおすみ」の舷側は垂直に近いから、衝突の瞬間は甲板から身を乗り出すようにしないと良く見えなかったのではないかと思われる。またこの 3 人は「乗員」とのみ報告書には書かれているが、当時甲板で何の任務に当たっていたのかは分からない。

「おおすみ」に乗艦していた 5 人の供述は微妙に違う。実際に「とびうお」が右転して「おおすみ」に向かって来たのかどうかが一番の問題だが、「とびうお」が右転する様子を見たという供述者はない。

「とびうお」乗船者の供述

　報告書は「とびうお」に乗っていた 2 人の供述をどのようにまとめているか。報告書 9 〜 10 ページの記載を見る。

「同乗者 B2 は、2 回目の汽笛を聞き、それまで前を向いていた船長 B が A 船の方を向いているのを見た後、A 船が B 船の前方に出てくる態勢に見えた。」

　B2 は寺岡さんのこと。寺岡さんは後方を向いて座っていたので、「B 船が A 船を追い越した後、広島県江田島市小黒神島の南西方沖で A 船が右舷後方 1000 m 付近を南進しているのを見た」時から、「おおすみ」が「とびうお」に次第に接近するのを気づいていた。そして「2 回目の汽笛を聞き、それまで前を向いていた船長 B が A 船の方を向いているのを見た後、A 船が B 船の前方に出てくる態勢に見えた。」高森船長は 2 回目の汽笛で振り向いて「おおすみ」の接近を知ったが、もうこの時には逃げることは不可能だったわけだ。

「同乗者 B1 は、最初に A 船を追い越した後、衝突直前に汽笛を聞くまで A 船が接近していることに気付かなかった。」

　B1 は伏田さんのこと。前を向いて座っていたので、「おおすみ」の接近

を汽笛を聞くまで知らなかった。

「同乗者B1及び同乗者B2は、5回目の汽笛が鳴り終わった後、A船の左舷船側部が覆い被さってくるように感じ、B船の右舷船側部がA船の左舷船側部と擦るように衝突したのを見た。／同乗者B1及び同乗者B2は、衝突するまでB船が針路及び速力を変更したようには感じなかった。」

寺岡さんも伏田さんも、汽笛を聞いた時には「おおすみ」は至近距離にいた、「とびうお」は右転などしていない、と言っている。

島からの目撃供述

運輸安全委員会報告書が「とびうお」の右転が衝突原因と判断した根拠のひとつは、第三者の目撃供述だった。報告書10ページに次のように記載されている。

「船長Cは、大竹市阿多田漁港内のポンツーン（浮き桟橋）設置工事のため、ポンツーンの東側に係留中のC船の船首側に設置されたクレーンの操縦席に座っていたところ、A船が阿多田島北東方の大竹市猪ノ子島の島陰から出てくるのを視認した。

船長Cは、2回目の汽笛を聞いて再びA船の方を見たとき、B船がA船の全長分ほど前方にいるのを視認し、B船から船首の水切りによって発生する白波（以下「白波」という。）が両舷側に同じくらいの広がり方で見えていたので、阿多田漁港の方に向かってきているように感じた。

船長Cは、汽笛が鳴り終わった頃、B船がA船の陰に隠れて見えなくなり、その後、A船の船尾からB船が出てきて阿多田島とは反対の方向に転覆するのを目撃した。」

阿多田島からの目撃供述では、「とびうお」は阿多田漁港に向かって進んで来たことになっている。小型船の正面を遠くから見るのは難しいが、「水切りによって発生する白波」でこちらに進んで来ていることが分かったというわけだ。

　ボートパーク広島を出航して甲島沖の釣場に向かってほぼ直進してきた「とびうお」は、予定の釣場より手前で大幅な角度で右転しないと阿多田島に向かうことにならない。船長Cの供述は唯一の「とびうお」右転の証拠となるのだろうか。

　船長Cは2回目の汽笛を聞いてから再び沖を見たという。衝突事故発生現場は、船舶事故調査報告書では阿多田島東方沖、阿多田漁港猪ノ子東防波堤灯台から1250メートル付近としている。C船長のいた場所はこの灯台よりさらに手前だ。全長7.6メートル、幅が2.27メートルしかない「とびうお」がどれくらい明瞭に見えただろうか。また、音速は秒速約340メートルなので、音を聞いてすぐに見ても実際には4、5秒後の姿を見たことになる。後に国家賠償請求訴訟で出て来た海上自衛隊の艦船事故報告書にある「自衛艦おおすみ艦橋音響等記録装置音声一覧表」によれば、2回目の汽笛は7時59分46秒から48秒まで、5回目の汽笛が鳴り終わったのは59分55秒。C船長が「おおすみ」の前方にいる「とびうお」の姿を見ることができたのは、せいぜい5秒間だろう。17.4ノットで航行していた「おおすみ」は秒速約8.95メートルになる。「おおすみ」の全長は178メートルだから、5秒で全長分ほどは進めない。

　阿多田島でこのポンツーン設置工事に当たっていた人々は、事故発生後すぐに溺水者救助に向かった。報道陣はこれらの人々がどのように事故発生を知り、どのように救助活動に参加したかを争って取材し、報道した。しかし、きわめて重要な「船長C」の供述、「とびうお」が阿多田島に向かって来るのを見たという供述は、運輸安全委員会報告が公表される以前にはどこにも出ていない。運輸安全委員会はどのようにして船長Cを発見したのだろうか。

阿多田島での再現実験

　運輸安全委員会は2014年5月23日、衝突現場海域と阿多田漁港で「船

長Ｃが目撃したＢ船の状況及びＢ船の同型船による針路変更の体感についての調査」を、船長Ｃの同席のもと「とびうお」の同型船を使って行った。報告書26〜28ページに調査の結果が記載されている。

「とびうお」同型船を針路と速力を少しずつ変えて6回、衝突現場海域から阿多田島に向けて航行させた結果、「船長Ｃの口述によれば、針路は、約255°、約260°及び約265°のとき、速力は、16kn及び20knのときが、本事故時に目撃した白波に近かった」

　事件発生時とこの再現実験とが微妙に違うのは、まず1月15日8時と5月23日11〜14時の違いである。太陽の高さと方向がかなり異なる。また当時のクレーンはすでに現場になかったので、「船長ＣがＢ船を目撃した位置の近くにある岸壁に高所作業車を配置し、船長Ｃ及び船舶事故調査官が乗った同作業車のバスケットを目撃時の船長Ｃの眼高に近い高さまで移動させ」て調査した。阿多田漁港の当該ポンツーンから衝突事件発生海域までには二重の堤防があり、高さによってどこまで見えるかは微妙だが、「目撃時の船長Ｃの眼高」の数値が報告書にないのは奇妙だ。また、この調査に「おおすみ」は参加していないので、両船の位置関係は確認できなかったはずだ。

　同調査結果では、「とびうお」乗員が右転を認識したかどうかについて、次のように調査をした。

「Ｂ船の同型船に乗船した船舶事故調査官は、約15〜18knの速力で約80秒間、徐々に約55°（毎秒約0.38°〜1.14°）右に転針させたところ、周囲の景色を見ていれば、右に転針していることに気付いたが、下を向くなどして周囲の景色を見ていなければ、気付かなかった。」

　ゆっくりと右転したから、あるいは下を向いていたから、寺岡さんも伏田さんも方向転換に気づかなかったはず、という結論だ。毎秒1度前後とは相当にゆっくりした回転であって、確かに予定していた本来の航路から阿多田島方向に転進するまでに80秒かかってしまうだろう。「とびうお」がこれほどゆっくり右転したなら、「おおすみ」は緊急に回避行動を取る

必要はなかったのではないか。ゆっくり右転説には無理がある。

阿多田漁港を見る

　先に「だいたい、釣場に向かってほぼ直進していたはずの『とびうお』がなぜわざわざ右転する必要があったのか、という疑問が起こる」と書いた。この点について私がボートパーク広島と阿多田島で取材ののち2018年5月24日付で広島地方裁判所に提出した陳述書（甲第23号証）から引用する（文中、元号表記は西暦に変更）。

「〔船舶事故調査報告書では〕とびうおは予定していた釣場の手前で右転し、阿多田島方向に向かったと認定されています。なぜ釣場に直行せず右転して島に向かう必要があるのでしょうか。①急病人が出た　②機関の故障・不調を感じた　③釣場の変更　④燃料不足　⑤食料・飲料の補給　が考えられます。確認のため、私は2016年5月25日に、かつてとびうおを係留していたボートパーク広島を訪ねてみました。

　ボートパーク広島はたいへん充実した施設で、点検修理のための工場があり、燃料補給施設があります。すぐ近くにコンビニがあり、食料・飲料の購入が可能です。よほど緊急のことがない限り、出航後に他の港に寄る必要はないはずです。

　私はまた2016年5月26日に大竹港からの定期船で阿多田島に渡ってみました。ここの港は漁業組合が管理しており、給油施設はセルフサービスで漁協のカードがなければ使えません。人口約300人の小さな島で、診療所や小学校はありますがコンビニはなく、飲料の自動販売機はあるものの食料調達が容易にできるとは思えません。

　実際には、同乗者の誰も緊急事態発生や釣場変更や、買物の相談を受けておりませんでした。とびうおが阿多田島に向かう必然性は何もなかったのです。」

　阿多田島に向かうフェリーは大竹市の小方港（大竹港とも呼ばれる）か

ら日に5便、出ている。小方港から阿多田港まで10キロばかりの距離だが、約30分かかる。宮島口や岩国からの船の便はない。小方港は山陽本線大竹駅から2キロあまり離れているので、自家用車かタクシーでなければ、大竹市営の「こいこいバス」を利用することになる。私が小方港から9時30分発のフェリーに乗ると、同船者は釣り客ばかりだった。阿多田島には海上釣り堀があるのだ。

　阿多田港に行ってみると、事故発生当時に設置工事中だったオレンジ色のポンツーンがあった。フェリーの着く岸壁や漁協のビルとの間には、阿多田島と猪ノ子島とをつなぐ道路がある。船舶事故報告書の27ページに掲載されている図【図13】をたよりに再現実験時の調査場所に立つと、二重の堤防に遮られて外海はまったく見えない。外海の見える見通しの良い高台まで上がってみると、偶然、大型の自衛艦が猪ノ子島の陰から出て来て南へ向かうのが見えた【図14】。「おおすみ事件」発生時と同じ航路だろう。しかし私の肉眼では艦名は分からなかった。

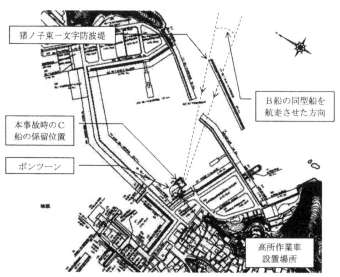

図13　運輸安全委員会が船長Cの証言を検証した阿多田漁港の見取り図。船舶事故調査報告書より

図 14　阿多田島の高台から海を見ると、大型の自衛艦が南進していった。
著者撮影

損傷状況、救命胴衣

　報告書 13 〜 14 ページに、衝突事故による両船の損傷について書かれて
いる。「おおすみ」の「左舷船側中央部から船尾にかけて海面上約 2 〜 3m
の位置に 2 本の筋状の擦過傷、また、左舷船尾部の海面上約 2.5m の位置に
擦過傷」があった。「とびうお」のほうは、「右舷船側部に擦過傷を、前部
甲板の天幕の支柱に擦過傷（水あかの痕跡から約 2.2m の高さ）及び曲損を、
後部甲板の天幕の骨組みに曲損を、操舵室上部のマストに曲損」があった。
「おおすみ」側は擦り傷のみ、「とびうお」側も擦り傷のほか天幕の骨組み
とマストが曲がったのみと、船体の損傷は軽微で済んでいる。大型艦と小
型船の、ともに航行中の衝突といっても接触であり、「とびうお」が逃げる
ことができずに転覆したのは、吸引作用とキックによるものだろう。
　「とびうお」の「船体に関する情報」、報告書 18 ページによれば、操舵室
の様子は以下のようだった。
　「本事故後、操舵室内のクラッチレバーは中立の位置となっており、スロッ

トルレバーは、8つ刻まれた目盛りのうち、下から2つ目付近の位置となっていた。」「とびうお」製造会社によれば、この「スロットルレバーの位置は低速であり、下から2つ目の位置であれば、出力がほとんど出ない状態であった。」

「おおすみ」に吸い込まれるように接触した「とびうお」は離れようと努力したはずだが、クラッチレバーが中立では前進も後進もしない。衝撃でレバーから左手が離れる瞬間にこうなったのだろうか。

　また救命胴衣についての記述が報告書24〜25ページにある。「とびうお」には「最大搭載人員11人分の小型船舶用救命胴衣が積み込まれていた。」しかし誰も着用していなかった。小型船舶操縦者法には、操縦者は乗船者に船外への転落に備えて「救命胴衣を着用させることその他」の「必要な措置を講じなければならない」と規定しているが、罰則はない。

　救命胴衣を着用していなかったことと死者2名を出したこととの関連については、報告書38ページに以下の記述がある。

　船長は「暴露甲板上の同乗者全員に対し、救命胴衣を着用させるよう努める必要があった。」しかし死亡との関連については、「溺水及び溺水による出血性ショックにより死亡したものの、落水時に海水を大量に飲んだ影響及び低体温による影響もあるものと考えられることから、」「救命胴衣を着用していなかったことと死亡したこととの関係について、明らかにすることはできなかった。」

規律違反はあったのか

　2008年の「あたご事件」では、防衛省は関係者を「公務上の過失傷害致死」と「職務上の注意義務違反」で処分したのち、刑事裁判で過失致死傷害では無罪が確定しても、処分の全面撤回はしなかった。自衛隊では規律違反は厳しく処罰されるはずだ。今回の「おおすみ」については、諸規則はどうなっていただろうか。

　まず、定員不足での運航の問題がある。「おおすみ」は事故当時は「艦長及び航海長ほか120人」で航行していたと報告書の冒頭ページに書かれている。「おおすみ」の定員は137人。一般に海上自衛隊の艦船はどんどん大型化しているが人員の増加がままならないため、どの艦でも定員に満たないまま運航することが多いという。安全運航のためには問題ではないかと思うが、運輸安全委員会はこの問題を指摘していない。

　海上自衛隊の通知文書のひとつ、「船舶が輻輳する海域における自衛艦の安全運航について」の一部が報告書22〜23ページに引用されている。「漁船、小型商船等は、不規則な運動をする場合があるので、これらの運動に対応し得るような十分な心構えをもって、余裕のある航行を行う必要がある。」

　続けて報告書は、「なお、海上幕僚監部担当者の口述及び回答書によれば、『船舶が輻輳する海域』とは、海上交通安全法適用海域及びその付近を念頭に置いており、事故現場は同法の適用海域であった」と述べている。

　海上交通安全法の第1条には「この法律は、船舶交通がふくそうする海域における船舶交通について、特別の交通方法を定めるとともに、その危険を防止するための規制を行なうことにより、船舶交通の安全を図ることを目的とする。」とあり、同条2項で適用海域を東京湾、伊勢湾及び瀬戸内海としている。確かに瀬戸内海は船舶交通の輻輳する海域だ。ただし海上交通安全法が具体的に航路を指定し特別の交通方法を定めているのは11の航路についてであって、「おおすみ事件」事故現場は該当しない。海上幕僚監部担当者が「同法の適用海域」と言うのは、たんに法的にもここでは船舶交通輻輳海域であることの確認にすぎないが、ここでは海上自衛隊の内規でも小型船に対して「十分な心構えをもって、余裕のある航行を行う必要がある」ことの確認でもある。

　次に報告書は23〜24ページに「輸送艦『おおすみ』航行指針」の「態勢判断及び避航動作の標準（5）横切関係（本艦が保持船）」の部分を引用している。「CPA（最接近距離）が500ヤード（約457m）以内（艦首方向を横切るものについては、その距離が1500ヤード以内）の場合、又は他の

船舶の方位変化が1分間に1度以内の場合であって、相手船の避航動作に疑問がある場合には、衝突の危険があり、3000ヤードに至る前、余裕を持って疑問信号を発し、海上衝突予防法第17条2項及び3項に基づき、衝突を回避する。」ここで海上衝突予防法第13条「追越し船」の規定ではなく第17条「保持船」が出てくるのは、運輸安全委員会が「おおすみ」を「追越し船」ではなく、横切り関係での「保持船」と判断したためである。

「おおすみ」がこの航行指針を守っていたとは、とても言えないだろう。60メートルの間隔を空けて交差するから大丈夫、と判断していたのは、自艦の航行指針以前にすでに海上衝突予防法第8条4項、「他の船舶との間に安全な距離を保って通過」の規定に違反しているのではないか。しかもこの航行指針は「おおすみ」の前任艦長が作成し、田中久行艦長が引き継いでいたもの、つまり自分で作成した規則だった。しかし海上自衛隊は「おおすみ」艦長や当直士官に何の咎めもしていない。

　この「規律違反」について、報告書が「結論」の末尾で触れていることについては、後に述べる。

推定航跡図は正しいか

　運輸安全委員会は以上のような調査から、「おおすみ」「とびうお」の動きを経時的に詳しく認定した。ただし、「と考えられる」「可能性があると考えられる」と、断定を避けた表現が多い。そして報告書の付図として両船の航跡図を3点、「推定航行経路図」として掲載している。

　図の「その1」は「おおすみ」の7時31分8秒以降、「とびうお」の7時31分6秒以降の航跡図だが、「とびうお」については7時38分6秒と7時44分51秒の間については記載がない。「とびうお」が「おおすみ」の進路と交差しつつ追い抜いたところだが、その位置と時間はこの図では分からない。報告書4ページの記載では、「おおすみ」のレーダー記録では「07時38分21秒ごろから44分36秒ごろの間」は「とびうお」が「海

面反射に紛れており、特定することができなかった」とある。

　図の「その2」は7時50分21秒以降の両船の航跡を描いている【図10】。「とびうお」については7時55分21秒以降が実線でなく点線なのは、この時刻以降も「おおすみ」のレーダー記録では「海面反射に紛れており、特定することができなかった」ためである。そして「とびうお」の航跡は「平均進路の近似直線」として約197度の直線で描かれている。小型船は風や潮流の影響を受けて直線的には進めないし、「おおすみ」レーダー記録は15秒間隔だから、あくまでも近似の推定航跡になる。

　図「その2」によると、「とびうお」の位置が海面反射のためレーダーで確認できなくなるまでの間、「おおすみ」は一度左転したが、この間ずっと「とびうお」の後方にいた。海上衝突予防法でいう「追越し船」に当たるかどうかは微妙な位置であり、「とびうお」が一直線には進めない小型船であることからして、同法第13条3項の「自船が追越し船であるかどうかを確かめることができない場合は、追越し船であると判断しなければならない」という規定が適用されても良い位置である。

　そして図「その2」で7時55分21秒以降の「とびうお」の航跡は、それまでの5分間の「平均進路の近似直線」を延長した点線として描かれている。図「その2」には「とびうお」の予定釣場は描かれていないが、図「その1」にはある。そこで図「その1」を見ると、「平均進路の近似直線」を延長すると予定釣場から少し東にずれてしまっている。「とびうお」が風と潮流の影響を受けながらオートパイロットで針路を保っていたとすれば、わずか5分間の「平均進路の近似直線」約197度は正しく「とびうお」の設定針路を示していない可能性がある。

　図「その3」は、7時59分以後の両船の関係を描いている。ここでも「とびうお」の針路は「平均進路の近似直線」の延長線として描かれている。ともに針路・速度を保って航行した場合、8時0分50秒に「とびうお」は「おおすみ」の艦首の前を横切って安全に交差できたはず、という図になっている。

「とびうお」右転推定の根拠

　報告書は 31 ページに「とびうお」右転について、次のように述べている。「次のことから、B 船は、07 時 59 分ごろから右に転進し始め、07 時 59 分 46 秒～55 秒ごろ阿多田漁港に向首して A 船に接近した可能性があると考えられる。」

　推定航跡図から、両船が 7 時 59 分ごろの針路・速力を保って航行すれば「08 時 00 分 50 秒ごろ、B 船は、A 船の前方約 130m（船首から約 60m）を通過すること」

「船長 C は、A 船が 2～5 回目の汽笛を吹鳴した 07 時 59 分 46 秒～55 秒ごろの間、阿多田漁港の方向に航行する態勢の B 船を目撃したこと」

　この 2 点から報告書は、「とびうお」は衝突寸前に右転したと判断した。続けて「とびうお」乗員が右転などしていない旨供述したことに関して、「なお、同乗者 B1 及び同乗者 B2 は、B 船が衝突するまで針路を変更していない旨口述しているが、B 船が徐々に転針したことから、このことに気付かなかった可能性があると考えられる。」と記している。

「可能性があると考えられる」という持って回った表現は、断定とはかなり隔たった判断である。じつは一般に運輸安全委員会の報告では「解析の結果を表す用語」を 4 段階に決めている。

　1 断定できる場合……「認められる。」

　2 断定できないが、ほぼ間違いない場合……「推定される。」

　3 可能性が高い場合……「考えられる。」

　4 可能性がある場合……「可能性が考えられる。」

　　　　　　　　　　……「可能性があると考えられる。」

　要するに運輸安全委員会は「とびうお」が右転したと断定できないどころか、4 段階のうちでも最も低い可能性として右転を主張しているにすぎない。

　ではなぜ「とびうお」が右転したかについては、報告書は 36 ページで

次のような「可能性」を述べている。

「船長Bは、A船がB船の釣り場の東方に向けて南進しており、A船の右舷側に出れば、釣り場に向けやすい状況であったことから、A船の左舷前方から右に転針してA船の船首付近に接近した可能性があると考えられるが、船長Bが本事故で死亡したことから、操船の意図を明らかにすることはできなかった。」

　またしても「可能性があると考えられる」である。後方から次第に近づいてきた大型艦の前方を直前で横切ろうとする船長がいるだろうか。無理に右転して阿多田島に向けて進んだとしても、釣場の甲島付近に行くにはまた左転しなければならないのだ。

結論と「その他」

　報告書の結論、運輸安全委員会が認定した事故の「原因」を再掲する。

「本事故は、阿多田島東方沖において、A船が南進中、B船が南南西進中、A船が針路及び速力を保持して航行し、また、B船がA船の左舷前方から右に転針してA船の船首至近に接近したため、A船が回避しようとして減速及び右転したところ、更に両船が接近して衝突したことにより発生したものと考えられる。」

　ただし報告書結論部分の末尾には、「その他判明した安全に関する事項」として、事故を回避できた可能性について触れている。

「A船は、……より早い段階での減速、より大幅な減速を行うなど、海上自衛隊通知文書に基づき、小型船との接近に対応し得る余裕のある航行をするか、航行指針に基づき、衝突予防の見地から注意喚起信号を活用していれば、本事故の発生を回避できた可能性があると考えられる。」

　ここで「海上自衛隊通知文書に基づき」とわざわざ述べているのは、「おおすみ」は海上衝突予防法に違反してはいないが、海上自衛隊の規則には違反しているのではないか、と指摘したことになる。防衛省・海上自衛隊

がどのように応えるかが問題だが、その後「おおすみ」関係者に何らかの処分を行ったとの発表はない。

運輸安全委員会は、海難審判所のように事故責任者に対して懲戒を行うこともないし、刑事裁判のように処罰を科すわけでもない。事故原因を究明して再発防止に資するための報告をするだけだ。

運輸安全委員会は「おおすみ」「とびうお」衝突事件に対して、「とびうお」の直前の右転が原因と判断した。しかし報告書は調査過程を公開しておらず、また採用された供述は疑問点を含むものであるにもかかわらず、公開の場で反対尋問を受けるなどして吟味されたものではない。「とびうお」側の「右転していない」という供述は退けられてしまった。右転の客観的証拠はなく、なぜ右転したのか理由を合理的に説明することもできない。

報告書の結論は多くの疑問を残す結論と言わざるを得ない。

フェイクニュース

報告書が採用した船長Cによる供述のほか、阿多田島からのもうひとつの目撃供述がある。各紙が報道しているが、2014年1月18日付『中日新聞』から引用する。

「目撃したのは衝突現場の南西約1.4キロにある阿多田島で養殖業を営むMさん〔紙面では実名〕。15日午前8時前、自宅のある高台から南進するおおすみの右舷が見えた。その直後、沖合に浮かぶ猪子島の陰から、左舷後方に向けて白波を立てて近づく釣り船が出現した。／Mさんによると、おおすみは汽笛を4、5回鳴らし、3、4回目が鳴ったときに釣り船はおおすみの陰に隠れて見えなくなった。釣り船が前方から再び姿を現さないことを不審に思っていると、おおすみが急に大きく右かじを切り、煙突から黒い煙が上がったという。自らも日常的に船に乗っているMさんは『釣り船はおおすみの倍くらいのスピードが出ていた』と証言した。」

『産経新聞』にはMさんが事故現場を指さしている写真も掲載されてい

る。確かにこの高台からは阿多田漁港の外海も見えている。しかし、何かの思い違いだろうか、衝突現場に「とびうお」が「おおすみ」の後方から来ることはあり得ないし、衝突時にも高速で航行していた「おおすみ」の倍のスピードで「とびうお」が航行することは不可能だ。運輸安全委員会報告書 19 ページに掲載の「とびうお」の最高速力は、海上試運転成績書により 27.38 ノットとされている。

　M 供述は運輸安全委員会も海上保安庁も採用しなかった。しかしおおすみ事件当時の海上幕僚長で事件対処の「司令塔」を自認した河野克俊氏は 2020 年 9 月刊行の著書『統合幕僚長』で、「事故現場が一望できる阿多田島山頂にたまたまいた人が事故の一部始終を目撃していた」などと書き、まだ M 供述を援用している。だいたい M さんがいたのは「山頂」ではないし、阿多田島の最高所は森の中であって海は見えないと思う。

　新聞報道をそのまま信じることができない例として、2014 年 2 月 14 日付『中国新聞』報道もある。「釣り船、左後方から衝突か／おおすみ南進中、航跡ほぼ特定」という大見出しの記事である。2 月 13 日の海上保安庁による、実際に「おおすみ」を呉から阿多田島付近まで動かしての現場検証については第 4 章であらためて述べるが、この記事は 13 日の現場検証を取材した上でのものだった。記事にはヘリで上空から撮影した写真も付いている。

　海上保安庁が「とびうお」の航跡を特定する報告書をまとめたのは 3 月 31 日であり、2 月 13 日の時点では捜査関係者に取材をしても「釣り船、左後方から衝突」つまり「とびうお」が後ろから来たとか、「航跡ほぼ特定」などと漏らすはずがない。AIS 記録でも音声記録でもレーダー記録でも、「おおすみ」の方が後方から来たことは明らかなのだから。『中国新聞』は何を根拠に報道したのだろうか。

　この件に関してはジャーナリストの三宅勝久氏が「大誤報」と指摘し、中国新聞社に質問状を出すなど追及したが、新聞社は誤報と認めなかったと、2020 年 4 月 3 日に『My News Japan』に書いている。

誤報については、メディアの場合は責任の所在は明らかであり、良心的なメディアならば訂正記事を出す。より悪質なのは匿名あるいは本人が特定されないハンドルネームでのネット上のフェイクや誹謗中傷だ。安易なコメントがそれを増幅する。

　例えば、運輸安全委員会報告書が発表された後の「2ちゃんねる」上には「とびうお」を非難する書き込みがあふれている。「当たり屋だったんでしょ」「わざとぶつかったんだろ」「カネか？カネが欲しいんか？」「発端は居眠りだったんだろうな」「大型船の前を横切って行くと『大漁』って迷信があるんだっけ」「テロリストで確定だな」「漁師なんてばくちな商売やくざばっかり」「同乗者は全員ブサヨでした」「この船長、以前にも他の船に突っ込んだ事故歴があったよな」「有事なら機銃で沈める」「国家の安全を守る自衛隊艦船と不要不急の釣り船と、どちらが優先されるべきかは自明の理だ」「船乗りなんか猿以下の土人集団」。

　胸が悪くなるのでこれくらいに留めるが、このようは発信をする人は、本名を名乗って同じことが書けるのだろうか。遺族や関係者がどのような気持ちで目にするか考えたことがあるのだろうか。陰に隠れての悪口雑言は卑劣と言う他はない。

　ひとつだけ反論しておけば、「とびうお船長の過去の事故歴」はフェイクだ。のみ取り眼でネット検索をすれば1994年の「とびうお」「おおとり」衝突事件の海難審判採決が発見できる。しかしこの採決を受けた「とびうお」は全長7.17メートル。「おおすみ」と衝突した「とびうお」は全長7.60メートル。明らかに違う船だ。

第 **3** 章

「おおすみ」に咎めなしか

海上保安庁の捜査

　海の事故は警察でなく海上保安庁が捜査に当たる。広島の第6管区海上保安本部は2014年1月15日、事件発生の通報を受けるとすぐに巡視艇とヘリコプターを出動させて救援に向かうとともに、同日から証拠保全のための実況見分を行うなど捜査を始めた。捜査の様子、捜査で判明したことは断片的に報道されたが、その報道も次第に間遠になった。海上保安庁がどのような捜査をしたのか、その全体像は、検察が海上保安庁の捜査記録を使って刑事裁判不要と判断した時にも不明だった。のちに国家賠償請求訴訟のなかで文書送付嘱託回答文書として、ようやく主要部分が開示されるまで不明だった。捜査過程の分析は第4章以下で行うが、海上保安庁がどのような捜査をしたのか、開示された主な文書から一覧にしておこう。

1月15日（事件発生当日）　阿多田島南東海上、つまり事件現場付近に漂泊中の「おおすみ」で、海上保安官が証拠保全のため艦体の損傷状況を実況見分した。船務長が立ち会った。午後から夕刻まで艦内に入り艦橋内の実況、配置状況を実況見分した。艦長、航海長、操舵員が立ち会った。

1月16日　呉市沖に戻って錨泊中の「おおすみ」で、再び艦体の損傷状況を実況見分し、船務長が立ち会った。

1月17日　ボートパーク広島に陸揚げされた「とびうお」の船体、船内、損傷状況につき実況見分が行われた。「とびうお」船長の伴侶、栗栖さんが立ち会った。

1月21日　「おおすみ」左舷海面下、艦底までの実況見分を潜水士により行い、船務長が立ち会った。

1月22日　「とびうお」の損傷状況を実況見分し、また「とびうお」の推進機関の作動状況を実況見分した。栗栖さんのほか推進機関の製作会社から2名が立ち会った。「おおすみ」では艦体状況の実況見分が行われ、機関士が立ち会った。

1月23日　「とびうお」の損傷状況を実況見分し、栗栖さんが立ち会った。

1月25日　「おおすみ」後部見張員の立直状況と見通しについて実況見分が行われ、後部見張員が立ち会った。

1月26日　「おおすみ」艦体の損傷状況を実況見分し、船務長が立ち会った。

1月28日　「おおすみ」のレーダー映像とAISデータから、「とびうお」と思われるものの位置とその時刻を特定した。

1月29日　「おおすみ」左見張台から「とびうお」に見立てた小型船の見通し状況について実況見分が行われ、艦長、航海長、左見張員が立ち会った。

2月10日　両船の航跡図を作成した。

2月12日　広島港沖で「とびうお」と同型の模擬船を航行させ、機関回転数、最短停止距離、旋回性能等の実況見分を行った。

2月13日　呉基地から阿多田島沖まで「おおすみ」の事件当時の航跡をたどらせ、「とびうお」模擬船の確認状況と「おおすみ」の運動性能を検証した。「おおすみ」から艦長以下17名が立ち会った、大がかりなものだった。

2月14日　海上保安大学校の実験室で、500分の1の模型で両船の航跡を再現した。

2月24日　「おおすみ」の艦橋音響等記録装置の音声を解析した。

2月25日　衝突日時、場所を特定した。

3月25日　艦橋音声解析に、新たに聞き取れた箇所を追加した。専門家でもまことに聞き取りにくいものだったようだ。

3月26日　海上保安大学校国際海洋政策研究センターに、衝突部位、衝突角度、「とびうお」が転覆に至った原因等の鑑定を嘱託した。

3月31日　両船の衝突に至る航跡を特定した。

4月18日　両船の各時刻における距離を算出した。

4月21日　「おおすみ」から「とびうお」の各時刻における相対方位を

算出した。

　4月24日　海上保安大学校から鑑定書が届いた。

　当然「おおすみ」艦長以下の乗員、また「とびうお」に乗船していた寺岡章二さんと伏田則人さんから聴取した調書もあるはずだが、開示された諸文書には含まれていない。

起訴・公判を求めて

　第6管区海上保安本部は2014年6月5日、広島地方検察庁に、「おおすみ」艦長・航海長、「とびうお」船長の3人を送検していた。業務上過失往来危険・業務上過失致死傷の疑いだった。

「おおすみ」側の過失については、「航行中の同艦を操艦するに際し、小型船『とびうお』に対する見張りが不十分でその動静を十分に把握せず、随時適切な操船を行わなかった過失により、平成26年1月15日午前8時00分ころ、広島県大竹市阿多田島北東約1400メートルの海上において、輸送艦『おおすみ』左舷外板艦橋付近を小型船『とびうお』船首右舷外板に衝突させて小型船『とびうお』を転覆させるとともに、乗船者2名を溺死させたほか、残る乗船者のうち1名に肋骨骨折の傷害を負わせたもの」という容疑だった。

　また「とびうお」船長の過失については、「甲島に向け航行中の同船を操船するに際し、周囲の見張りを怠り、随時適切な操船を行わなかった過失」という容疑だった。両船の過失については「見張りが不十分」「見張りを怠り」という差が見られる。

　真相究明会は2014年7月26日に発足して以後、主に広島で起訴を求める署名活動を続けた。そして同年9月4日には3126筆の署名を持って広島検察庁に起訴を求める要請行動を行った。栗栖紘枝さんが高森船長の遺影を持って、また同乗していて亡くなった大竹宏治さんの遺族、同乗していて助かった寺岡章二さん、伏田則人さん、真相究明会のメンバーが同行

した。地検では担当検事が「関係者の皆さんから事情を聞き、きちんと捜査、真相究明に努めたい」と回答した。真相究明会はこれ以後も署名活動を続け、また船を出して事故現場海域までの現地調査も行った。

2015年2月8日に運輸安全委員会の船舶事故調査報告書が公表された後、真相究明会は3月8日に緊急報告集会を開催して、報告書の内容を分析した。小型船の「とびうお」が巨大な輸送艦「おおすみ」に自ら右転して突っ込んで行ったとする報告書の結論に、納得できる者はいない。

集会で田川俊一弁護士は、次のように指摘した。

・衝突の約5分前に「おおすみ」が大きく左転したことで両船の針路が交差することになり、当然、「おおすみ」はその時点で衝突回避の措置をとるべきだったのにそれを怠った。「おおすみ」に主たる原因がある。

・「とびうお」は釣場に向かって直進していたのであり、右転説は根拠がない。

・報告書の証拠判断は、客観性を欠いている。とくにレーダー情報の解析や、「とびうお」同乗者2人の証言を無視し1.4キロ離れた阿多田島漁港からの証言を採用するなど は問題だ。

集会に参加した私は、今回の事件では海難審判がないこと、海上自衛隊がまだ事故報告書を出していないこと、マスメディアの取材が不十分であることを指摘し、市民運動の力で刑事裁判の実現を、と訴えた。

4月には人事異動で担当検事が代わった。

11月15日、真相究明会は検察の判断近しとの情報から再び報告集会を行い、田川俊一弁護士が今後の見通しを報告した。瀬戸内海の平和という観点から、自衛隊呉基地の現状について「非核の呉港を求める会」の森芳郎さんから、また米軍岩国基地の現状について山口県議会議員の久米慶典さんから報告があった。千葉県勝浦市から「あたご事件」被害者親族の吉清祥章さんも参加し挨拶した。集会は「自衛艦おおすみ衝突事件の早急な起訴公判を求める要請書」を採択して終了した。広島検察庁への要請書は

次のように締めくくられている。

「2008年10月の法改正で自衛艦が海難審判の対象にならなくなったため、もし、本件を貴庁が不起訴と認定すれば、本件事故の真相は究明されないまま、闇に葬られてしまい、犠牲者の無念は晴らされず、瀬戸内海の海上交通の安全に何も教訓が残らないことになります。絶対にそうならないためにも、貴庁が英断をもって本件の起訴公判を早急に採決されることを強く求めます。」

検察庁の不起訴処分

　送検から1年半が経過し、年も押し詰まった2015年12月25日、広島地方検察庁は「おおすみ」の2人を嫌疑不十分、「とびうお」船長を被疑者死亡により、いずれも不起訴処分とした。つまり刑事裁判で誰にも責任を追及する必要はない、事故原因は明らかなので裁判で追究する必要はない、という判断である。発表文書はわずか1ページのものだった。以下に全文を引用する。

1.　平成26年1月15日に発生した海上自衛隊輸送艦「おおすみ」と汽船「とびうお」の衝突事故に関し、業務上過失往来危険罪及び業務上過失致死傷罪により、広島海上保安部から事件送致を受け、また、広島地方検察庁に告発があった、海上自衛官の被疑者2名について、本日、嫌疑不十分のため、不起訴処分とした。

　捜査により収集した証拠を検討したところ、本件において、「おおすみ」と「とびうお」が衝突した原因としては、衝突の約1分前である午前7時59分頃以降に、「とびうお」が右（おおすみ側）に変針したことにあると考えられた。

　この点、午前7時59分頃以前においては、両船に衝突のおそれが認められず、また、午前7時59分頃以降に「とびうお」が右に変針し両船が

衝突することについて、「おおすみ」を操艦していた被疑者両名に、その予見可能性があったとは認められないと判断した。

　また、午前 7 時 59 分頃以降の「とびうお」の変針後に、同船との衝突を予見して避けようとしても、「おおすみ」の制動距離等の運動性能を踏まえると、「おおすみ」においては、「とびうお」との衝突を回避することは不可能であった。

　したがって、「おおすみ」を操艦していた被疑者両名に刑法上の過失責任を問うことはできないと判断した。

2. また、業務上過失往来危険罪及び業務上過失致死傷罪により、広島海上保安部から事件送致を受けていた「とびうお」の船長であった被疑者については、本日、被疑者死亡のため、不起訴処分とした。

　衝突 1 分前からの「とびうお」の動きだけが問題であって、それ以前には衝突のおそれはなかった、という判断だ。なぜ両船が危険な位置関係にまで接近したかには触れず、「おおすみ」に衝突の予見可能性はなかったという。本書前章までに述べたように、全長 178 メートルの「おおすみ」の艦橋にいた艦長と航海長は、わずか 60 メートルの間隔を空けて「とびうお」と交差できるつもりで第 1 戦速という高速のまま、しかも見張りもレーダー観測員も頼りにならない中で、後方から接近していたのだから、危険を感じないほうがおかしい。

　発表時には記者から、「おおすみ」は追越し船ではなかったのか、という質問があったが、「検討したが合致しない」との回答だったという。

　地検の発表文中、「広島地方検察庁に告発があった」というのは、真相究明会からの告発を指す。地検が刑事訴訟なしに、つまり公開の場での事故原因・事故責任の審理なしに処分決定することを危惧した真相究明会は 2014 年 11 月 17 日、弁護士・県議・市議・ジャーナリスト・市民の 20 名の連名で独自に地検に告発状を提出していたのだった。告発人には私も加えていただいていたので、15 年 12 月 25 日付の「処分通知書」という 1

枚の紙が私宅にも送られてきた。本文は箇条書きで被疑者、罪名、事件番号、処分年月日、処分区分が書かれているだけだった。処分区分は「不起訴」。「処分について」の発表文書も添えられていない、文字通りの単なる「通知」だ。

12月26日付『中国新聞』はトップ記事で「大竹沖衝突／おおすみ艦長ら不起訴／広島地検『回避は不可能』」と報道した。このなかで真相究明会の「強い怒りを禁じ得ない。真相解明を願い、検察審査会に申し立てたい」というコメントと、武居智久海上幕僚長の「あらためてお亡くなりになられた2名の方々のご冥福をお祈り申し上げ、引き続き事故の再発防止に努めていく」とのコメントを掲載した。

検察審査会に申立

真相究明会は事件発生からちょうど2年目の2016年1月15日、広島第2検察審査会に申立をした【図15】。検察の不起訴処分への異議申立てである。先に地検に告発状を提出した20人が申立人になった。広島には第1と第2のふたつの検察審査会があるが、人口が多く事件が多いので複数

図15　高森船長の遺影を掲げて検察審査会に申立。撮影・若光啓至

設置しているだけだ。東京地裁管内には 7，横浜地裁管内には 5 の検察審査会がある。

　検察審査会制度は、裁判員制度に似る。最高裁判所が作成した「検察審査会 Q&A　不起訴には 11 人の審査の目」というリーフレットに、次のような説明がある。

「検察審査会制度は、検察官が事件を裁判にかけなかったこと（不起訴処分）のよしあしを、選挙権を有する国民の中から『くじ』で選ばれた 11 人の検察審査員が審査する制度です。」「審査は、通常、検察庁から取り寄せた事件の捜査記録などの書面を調べることにより行いますが、検察審査会が必要と認めた場合には、検察官の意見聴取、申立人や証人の尋問、実地検分、公務所などへの照会、審査補助員（弁護士）の委嘱などを行うこともできます。」

「検察審査会議は非公開で行われ、検察審査員・補充員が会議において検察審査員が行う評議の経過などを外部に漏らすと法律により処罰されることがあります。」

　議決は 3 通りある。11 人中 8 人以上の多数での「起訴相当」は、起訴して裁判をすべきという判断。過半数での「不起訴不当」は、もっと詳しく捜査すべきという判断。過半数での「不起訴相当」は、やはり起訴は不要という判断。「起訴相当」の議決をしても起訴が行われない時は検察審査会は再度審査し、ここで「起訴議決」をすると強制的に裁判が行われる【図 16】。

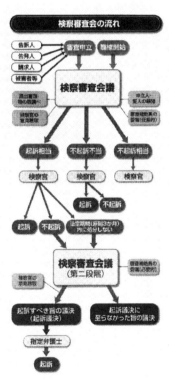

図 16　検察審査会の流れ。審査申立をしても、実際に起訴を実現するのは大変だ。検察審査会リーフレットより

全国で検察審査会が新たに受理したのは、真相究明会が「おおすみ事件」の申立をした2016年には被疑者延べ人数で2191あり、うち3が「起訴相当」になっただけだった。検察の判断を覆して刑事裁判を実現するのはとても難しい。

　真相究明会が提出した審査申立書の主要部分を以下に引用する。

「検察官の事実認定に重大な誤りがあるのは、とびうおが衝突の約1分前に右転をして、おおすみに向かって進行したという点についてである。とびうおはその頃、釣り場である甲島に向けて航行中で、そのまま進行すれば同釣り場に至るのであり、この頃右転をする理由は全く存しない。しかも右転したとされる方向には、おおすみが約17ノット の速力で進行中であって、小型船（長さ7.6メートル）であるとびうおからすれば長さにして20倍以上もある大型船（長さ178メートル）に向かってわざわざ衝突をする進路にしたことになる。とびうおに同乗していた伏田則人（故人）、寺岡章二の両名はともにとびうおが右転した事実はない旨、供述している。とびうおが右転した、との事実は主としておおすみ乗艦者の供述から判断しているのであって誤りである。不起訴処分は、被疑者2名の過失は認め難いとするものであって、事実誤認に基づく極めて不当な処分である。よって本件申立をしたところである。」

「おおすみの AIS 記録によれば、同艦は針路約210度で進行中、07時52分21秒ころから左転をはじめ、同時54分51秒には針路を180度 に定針している（30度の左転）。この時のとびうおまでの距離は約1,040メートル（0.56マイル）である。左転するまでは、おおすみの進路は、とびうおの進路と広がる（末広がり）ものであったが、左転により進路が交差して両艦船は接近することとなった。見合い関係（衝突のおそれ）の発生は、一般には舷灯の視認距離とされている。とびうおのそれは1マイル（1,852メートル。予防法22条）である。したがって、おおすみが左転したことにより見合い関係を発生させたものである。すなわち、おおすみは、とび

うおまでの距離1,040メートルの時に左転して両艦船が接近する態勢としたのであるから、これを解消する義務はおおすみにあったと言わねばならない。」

「本件は平穏な瀬戸内海で発生したもので、自衛艦が民間船に衝突して2人を死亡させ、1人に重傷を負わせた事件であり、多くの国民の注目を引いた事件である。本件の原因を究明し過失のあった被告発人らを罰することは事故再発防止に役立つとともに、海上交通の安全に対する国民の期待に応えるところである。」

以後、申立人は2回にわたり意見書を提出して、検察の不起訴処分が不当であることを詳細に述べた。「とびうお」に乗船していた4人について、2016年6月10日付の第2意見書は次のように述べている。

「とびうおには、船長高森昶、同乗者大竹宏治、伏田則人および寺岡章二の4人が乗船していたが、船長と大竹が本件事故で死亡し、伏田が重傷を負った。

伏田は2016年3月に死亡したが、生前において事故状況について陳述している。寺岡は貴審査会に陳述書を提出している。伏田と寺岡は、本件事故を最も近い場所で、生命の危険を感じながら目撃したものであって、その供述の信用性は高いものと言わねばならない。

両人とも『衝突前にとびうおが右転したことはなく、おおすみがとびうおの後方から接近して来て衝突した』旨、事故当日から終始一貫して供述している。」

私も検察審査会に対して「長く自衛艦・軍艦と民間船との衝突によって民間人犠牲者が出た事件について取材を続けてきたジャーナリストとして」、個人で意見書を提出した。その中で「あたご事件」で自衛艦が「防衛秘密」に守られた例を挙げて、次のように書いた。

「今回の『おおすみ事件』で刑事裁判が行われないとなれば、裁判所は平時の民間船との衝突事件でも自衛艦の秘密主義を容認したという『実績』

だけでなく、検察もまた自衛艦がらみの事件を立件しないという『実績』を積むことになるのではないか、司法は自衛艦を裁けないという前例を確立するのではないか、と危惧いたします。少なくともそのような風評が決して生まれることのないよう、検察審査会が『おおすみ事件』に対して起訴相当の議決をされ、公正な裁判が行われることを強く要望いたします。」

しかし検察審査会は申立人尋問も証人の尋問も実地検分もせず、つまり独自の調査をしないまま、2016年10月18日に「本件不起訴処分はいずれも相当である」と議決した。議決書作成日付は6日後の10月24日で、不起訴相当の判断は次のように書かれている。

「本件不起訴記録並びに審査申立書、審査申立人が提出した意見書及び資料等を精査し、慎重に審査した結果、検察官がした不起訴処分の裁定を覆すに足りる証拠がないので、上記主旨のとおり議決する。／なお、審査に当たっては、関係証拠に加え、『疑わしきは被告人（被疑者）の利益に』の原則をも併せ考慮した。」

「疑わしきは被告人の利益に」は、刑事訴訟の被告人に対してグレーを白にする際に言われることであって、その裁判をするかどうかの段階で被疑者に使うべき言葉なのかどうかは疑問だ。まだ誰も被告人になっていないのだから。疑わしいことがあれば公開の法廷で追及すれば良い。また送検されたのは「おおすみ」の2人だけでなく「とびうお」船長も同時に送検されたのだから、「被疑者の利益」を考えるなら「とびうお」側の利益も考慮されなければ不公平だ。ただし少なくとも「疑わしきは」という表現は、審査会の評議でも裁判をするべきだという意見が最後まであったが多数決で押し切ったことを示している。

検察審査会の議決が出たことにより、刑事裁判実現の道は絶たれた。

2016年10月26日付『中国新聞』は「元艦長ら不起訴『相当』／おおすみ事故 広島検審が議決」の見出しで報道した。申立人のひとり池上忍弁護士の「決定は残念。広島地裁で係争中の民事裁判で真相を明らかにしたい」という談話と、栗栖紘枝さんの「罪に問われないと思うと、やりき

れない」という談話が掲載されている。

簡略版防衛省報告書

2016年2月5日、ということは検察が不起訴処分を決めて起訴される恐れがほぼなくなったことを確認した後、防衛省は「輸送艦『おおすみ』と小型船『とびうお』の衝突事故調査結果について」という文書を発表した。本文はわずか3ページ、付図2点は「運輸安全委員会船舶事故調査報告書より転記」したもの、という手抜きぶりだ。後に国家賠償請求訴訟で16年1月29日付の海上自衛隊事故調査委員会の34ページにわたる「艦船事故調査報告書」全文が出て来たので、2月5日付の発表は「簡略版報告書」と呼ぶことにする。

簡略版報告書は事故調査の概要を次のように記す。
「平成26年1月15日（水）、海上幕僚監部監察官を長とする艦船事故調査委員会を設置し、艦船事故調査委員会は、艦長、乗員への聞き取り、資料収集等による調査を実施。」そして「事故要因の分析検討」として6項目の「要因」とその「検証項目」を箇条書きで示した。6項目の全文は以下の通り。

環境上の要因：気象海象、地形、航行船舶等
器材上の要因：舵、機関、レーダー、汽笛、見張員の配置位置
人的要因：隊司令、艦長、当直士官、船務長、副直士官、副直士官補佐、当直員等
運航上の要因：1 艦長（見張り、行船上の判断・処置、緊急操艦要領、艦内各部に対する指揮）
　　　　　　　2 当直士官等（見張り及び見張り指揮、行船上の判断・処置、戦闘指揮所の指揮・連携）
　　　　　　　3 艦橋当直員、戦闘指揮所当直員（報告・連携）

管理上の要因：1 隊司令（訓練管理、安全管理）
　　　　　　　2 艦長（訓練管理、安全管理）
事故防止対策実施状況：護衛艦「あたご」等の事故後の再発防止の取り
　　　　　　　　　　　組み

　「上記6項目について検証を行った結果、事故の要因は認められなかった」
という。艦長にも当直士官にも見張員にもレーダー監視員にも、何も落ち
度はない、という驚くべき結論である。

　事故原因については、「『おおすみ』と『とびうお』の双方がそのままの
針路、速力で航行を続けていても『とびうお』は『おおすみ』の艦首前約
60m を右に航過する対勢であり、さらに安全に航過させるため、『おおす
み』は減速した。しかし、『とびうお』が何らかの理由により『おおすみ』
艦首至近に近づくように右転し、新たに衝突の危険を生じさせたことによ
り、『おおすみ』は衝突を避けるため、適切に緊急操艦（減速・右転）を
実施したものの、間に合わず、艦尾の振り出しにより、『とびうお』は『お
おすみ』の左舷中部付近に接触したものと考えられる」とした。

　運輸安全委員会報告書が「より早い段階での減速、より大幅な減速を行
うなど、海上自衛隊通知文書に基づき、小型船との接近に対応し得る余裕
のある航行をするか、航行指針に基づき、衝突予防の見地から注意喚起信
号を活用していれば、本事故の発生を回避できた可能性があると考えられ
る」と書いて海上自衛隊の内規違反を指摘していたことを無視して、関係
者に何の咎めもなかった。「あたご事件」の際に海上自衛隊が規律違反で
大量処分をしたのに比しても、潔くない対応と言わざるを得ない。

　わずかに「事故再発防止策」として「 プレジャーボートのような不規
則な航行をする可能性のある船舶に対しては、自艦が法律に則り航行して
いる場合でも、衝突予防の見地から、適切な時機に注意を喚起する信号等
をためらわず実施することを指導する」と書いている。この再発防止策は
すでにある内規の再確認にすぎない。しかし再確認したということは、「お

おすみ」が「適切な時機に注意を喚起する信号等をためらわず実施」しな
かったことを暗に認めているようにも読める。

第 **4** 章

国家賠償請求訴訟が始まった

民事訴訟の提起へ

　ここまでの「おおすみ事件」真相究明運動をめぐる経過を整理しておこう。真相究明会は年に1度総会を開き、署名運動を行い、要請行動を行い、記者会見を行い、学習会を行い、現地調査を行うなど、多彩な活動をしてきた。主な経過は以下のとおり。

　2014年1月15日　事件発生

　　　　7月26日　真相究明会発足、起訴を求める署名運動開始

　　　　9月4日　広島地検に起訴要請行動

　　　10月8日　船を出して事故現場を調査

　　　11月17日　海上保安庁の書類送検とは別に、独自に地検に告発状を提出

　2015年2月9日　運輸安全委員会、船舶事故調査報告書を発表

　　　　2月23日　広島地検に起訴を求める要請書を提出

　　　　3月7日　再び船を出して事故現場を調査

　　　　3月8日　緊急報告集会

　　　11月15日　再び報告集会

　　　12月25日　広島地検、不起訴処分

　2016年1月15日　広島検察審査会に審査申立

　　　　2月5日　防衛省、事故調査報告（簡略版）を発表

　　　10月18日　検察審査会が不起訴相当の議決

　「おおすみ事件」が解決したと言えるためには、真相究明、責任追及、損害賠償、再発防止の4段階が必要だ。しかし一方的な調査結果の発表だけで、刑事裁判の公開の場での審理がなければ、ひとつも実現せずに事件が闇に葬られる危険があった。にもかかわらず検察審査会の議決により刑事裁判が行われる可能性はなくなった。

　検察審査会の議決が出る以前から、遺族・被害者・真相究明会は民事訴

訟の準備を始めていた。裁判を提起するとしても被害者の損害賠償請求という方法しかないが、この裁判の中で真相究明・責任追及もできる。遺族・被害者の生活保障はもちろん重要なことだが、損害賠償請求訴訟はカネの問題だけではなく事件の真相を明らかにする訴訟でもある。

　提訴に先立って、遺族代理人の田川俊一弁護士が 2016 年 2 月 10 日、海上自衛隊呉地方総監部と損害賠償について示談交渉をした。同年 4 月 22 日付で「『おおすみ』に過失はなく、国に賠償責任は認められない」との損害賠償拒否回答が来た。海上自衛隊損害賠償実施規則（昭和 44 年 5 月 28 日 海上自衛隊達第 30 号）第 2 条 2 項によれば、死亡事案での損害賠償認定事務は海上自衛隊制服組トップの海上幕僚長が行うことになっているので、判断に 2 カ月もかかったのだろう。海上幕僚長は事件発生当時の河野克俊氏から武居智久氏に代わっていた。

　幻に終わった刑事裁判で第 6 管区海上保安本部が広島地方検察庁に書類送検したのは「とびうお」の高森昶船長と、「おおすみ」の田中久行艦長と西岡秀樹航海長だった。「おおすみ事件」の民事裁判では提訴する相手は個人ではなく、「おおすみ」でも海上自衛隊でもなく、「国」になる。国家賠償請求訴訟という。広島地方裁判所の管轄になる。

　国家賠償請求権は、日本国憲法第 17 条に定められた国民の権利である。「何人も、公務員の不法行為により、損害を受けたときは、法律の定めるところにより、国又は公共団体に、その賠償を求めることができる。」

　法務省によれば、国家賠償請求訴訟は年に 2500 件くらいある。米軍・自衛隊の基地騒音被害に関するもの、外国籍の方の地方参政権に関するもの、薬害に関するものなどが有名だ。しかし国を相手の裁判となると、原告の勝率はせいぜい 1 割くらいだという。

訴状

　2016 年 5 月 25 日、4 人の原告が国（代表者は法務大臣）を相手に広島地方裁判所民事部に損害賠償請求事件の訴状を提出した。原告の栗栖紘枝

さん、中村裕子さん、折笠由加理さんの3人は被害者の相続人・継承者、寺岡章二さんは被害者本人だ。請求額は計5445万5599円になる。

原告代理人として、8人の弁護士による弁護団が結成された。

弁護団長は、海難審判で活躍する日本海事補佐人会会長でもある、田川総合法律事務所（東京）の田川俊一弁護士。数々の海難事件を担当し、『海上交通の安全を求めて 第拾雄洋丸衝突事件の記録』『検証・潜水艦なだしお事件』『設問式 船舶衝突の実務的解説』などの著作もある大ベテランだ。「おおすみ事件」では事件発生直後に自ら名乗り出て、真相究明会の顧問的存在ともなってきた。同法律事務所から、竹谷光成、黒田直行の両弁護士も弁護団に参加した。

広島現地から、広島法律事務所の池上忍弁護士が弁護団主任弁護士として参加した。広島労働弁護団団長であり、公害事件、被爆者認定訴訟での経験も長い。同事務所から松岡幸輝弁護士が弁護団事務局長として、また井上明彦、竹森雅泰の両弁護士も参加した。このため広島法律事務所が弁護団会議の会場となり、広島弁護士会館が報告集会の会場となってきた。

そして松村法律事務所（横浜）の松村房弘弁護士。マグロ延縄漁船で働いた経験もあり、1級海技士として世界の海を航海した経験もある異色の弁護士である。

訴状は本件の原因について、次の主張をした。

・「おおすみ」は「とびうお」の後方から接近して来て衝突しているので、本件は追越し船の航法が適用になり、「おおすみ」に避航義務があった。

・「おおすみ」が左転して7時56分21秒に定針定速となったことにより、互いに進路を横切る形になり、新たな衝突の危険を作りだした。

・運輸安全委員会の船舶事故調査報告書は「とびうお」の右転を衝突原因としているが、「おおすみ」艦橋の音響記録を分析すると、「とびうお」は右転していない。

訴状はさらに被告に対して、船舶事故調査報告書に言及されているが公開されていなかった文書など9点の提出を国に要請した。

- ・平成 26 年（2014 年）1 月 15 日 の航泊日誌
- ・同日の事故経過整理表及び救助経過整理表
- ・同日 07 時 40 分から 08 時 10 分までの AIS 記録
- ・同時間のレーダー映像
- ・使用レーダーの取扱説明書（マニュアル）
- ・自衛艦乗員服務規則（海幕補第 1034 号）
- ・「船舶が輻輳する海域における自衛艦の安全航行について（通知）」（昭和 63 年 10 月 20 日 海幕通第 5077 号）
- ・輸送艦「おおすみ」航行指針（平成 24 年 10 月 4 日 艦橋命令 24-10 号別冊）
- ・防衛省作成の「輸送艦『 おおすみ』と小型船『とびうお』の衝突事故調査結果について」の全文

口頭弁論始まる

「おおすみ事件」は「平成 28 年（ワ）595 号　損害賠償請求事件」と表示されることになった。裁判文書の年号はすべて元号表記であり、本書の西暦表記原則と混用すると混乱するが、「　」内に引用する裁判文書は原文のままとし、適宜（　）内に西暦を補記する。

　広島地方裁判所民事第 1 部に係属、担当裁判官は 3 人で、龍見昇裁判長、田中佐和子右陪席、内村論史左陪席が担当する。

　2016 年 9 月 20 日午前 10 時から、第 1 回口頭弁論（民事訴訟では「公判」といわず「口頭弁論」という）が広島地方裁判所の 305 号法廷で行われた。この日は記者席も設けられていたが、多数の傍聴者が押しかけるほど注目された事件ではなく、傍聴席は抽籤にもならなかった。「なだしお事件」や「あたご事件」の刑事裁判の傍聴には抽籤に当たるためマスメディアがアルバイトを雇ったのとは格段の違いだ。開廷前、原告・代理人と傍聴する真相究明会メンバーは「自衛艦おおすみ衝突事件　真相を闇に葬らせな

い！」と書いた横断幕を持って裁判所前に掲げた。

　この日の裁判では、原告から訴状、準備書面、書証（証拠書類）を提出、被告から訴状に対する答弁書、準備書面を提出、と文書での「陳述」が中心だが、原告の栗栖紘枝さんと弁護団長の田川俊一弁護士が意見陳述を行った。

　栗栖さんは「船の運転の経験も豊かであり、慎重な性格の高森が自分から衝突するような運転をしたとは思えません」と述べた。

　田川弁護士は、狭い瀬戸内海を「おおすみ」が高速で航行したのは「そこのけそこのけ」の無謀な航走だったと告発した。また訴状提出から４カ月経って法廷が開かれたのは国民の生命の軽視であり遺憾とし、審理促進のため自衛隊側が積極的に証拠提出に応じるよう求めた。

　原告は訴状での求釈明（文書提出要請）９点に加え、準備書面で次の２点の求釈明をした。

　・原告は衝突時刻を「08時00分ごろ」と特定しているが、被告の把握する正確な衝突時刻はいつか。

　・被告は運輸安全委員会報告書の記述から「２回にわたる減速」というが、報告書記載の時刻は減速を指示した時刻であって、速力が減じた時刻ではない。減速効果が現れた時刻と実速力を示されたい。

　被告の指定代理人は、広島法務局訴務部から６人、海上自衛隊呉地方総監部から４人、防衛省海上幕僚監部から法務官４人、ただし全員が出廷するわけではない。「おおすみ」の乗員は誰も出廷せず、傍聴席に制服の自衛官もいなかった。

　被告は答弁書で、「原告らの請求をいずれも棄却する」と述べた。全面否認だ。

　被告が準備書面で述べたことの要点は以下の４点だった。

　・「おおすみ」は「とびうお」に「追いつきその前方に出ようとする追越しの動きをしておらず」、追越し船ではない。

　・「おおすみ」は７時56分21秒の時点でも「とびうおと800メートル

の距離を保持」していたのであって、「衝突する危険を生じさせたことはなかった」。

・「おおすみ」の減速は余裕をみての対処であって「衝突を避けることを目的としたものではない」。音声記録中の「同航の漁船、距離近づく」は、「とびうおが、右に転針して接近してきたことを意味する」。この点はのちに証人尋問で異なった見解になる。

・「おおすみ艦長らは、予防法（海上衝突予防法）が定める法的義務に違反しておらず、同艦長らには、過失も認められない。」

　訴状、準備書面、答弁書のような文書の多くは恒例により「提出」されただけで読み上げられず、傍聴人に配布されることもないから、せっかく傍聴しても、閉廷後に関係者から文書の複写を提供されて説明を受けない限り、何がなんだか分からない。日本の裁判はすべてそうだが、証言や口頭陳述を含めて、録音も録画もいっさい禁止されている。傍聴人がメモをとることさえ、研究のため来日した米国の弁護士が公判傍聴時にメモを禁止されたことを違法と訴え、最高裁の判断を待って、1989年にようやく公認されたのだった。今回の「おおすみ裁判」では毎回、真相究明会主催の報告集会が行われ、傍聴者はそこで弁護団から解説を受け、法廷で何が行われていたのかをあらためて知ることになった。

　翌日、『中国新聞』は社会面に「国側、請求棄却求める／おおすみ事故訴訟　初弁論／広島地裁」の3段見出しで原告・被告双方の主張の要点を書いたが、各全国紙は地方版に1段見出しで簡単な記事を掲載しただけだった。「おおすみ事件」が未解決の問題であることは、全国的にはほとんど知られなかった。

　第2回口頭弁論は2カ月後の2016年11月15日午前10時から、304号法廷で行われた。前回より少し狭い部屋だ。

　これに先だって10月18日付で検察審査会の「不起訴相当」の議決があり、刑事裁判は行われないことが確定していた。検察審査会議決の影響で

民事裁判も早々に調停勧告あるいは判決へと進むことも考えられたが、実際には裁判は長期化することになった。

　開廷前に、原告が訴状で開示を求めていた9点の文書のうち、レーダー映像、自衛艦乗員服務規則、船舶が輻輳する海域における自衛艦の安全航行について（通知）、海上自衛隊事故調査委員会の艦船事故調査報告書（2016年1月29日付）の4点が提出されていた。国賠訴訟がなければ開示されず闇に葬られていた諸資料を含む。海上自衛隊の事故調査報告書は、簡略版しか公開されていなかったのが、ここで全文が明らかになった。ただし黒塗りの部分がたくさんある。AIS記録は「所持していない」として提出されなかった。「おおすみ」から発信したAIS情報の記録を自分で持っていないはずはないが。原告はこれらの文書を検証し、また原告からの証拠として提出していく。

　被告は第2準備書面を提出し、この中で第1準備書面で主張した内容をより詳細に述べたが、データはすべてオリジナルでなく、運輸安全委員会の船舶事故調査報告書からの引用だった。衝突時刻と減速時の時刻・実速力も、すべて運輸安全委員会報告書からの引用で回答してきた。海上自衛隊は艦船事故調査報告書を出しているのだから、独自調査をしているはずだが、そのデータも出さずに運輸安全委員会の報告書に依拠するのは問題、と言うより情けないことではないだろうか。

　第3回口頭弁論は年が変わって2017年1月24日午前10時から305号法廷で行われた。原告から、被告から開示された諸文書を証拠として提出した。

・航泊日誌
・とびうおとの衝突事案ログ
・7時40分から8時10分までのレーダー映像
・レーダー取扱説明書
・自衛艦乗組員服務規則について

・船舶が輻輳する海域における自衛艦の安全航行について

・輸送艦「おおすみ」航行指針

・艦船事故調査報告書の全文

　きわめて重要な文書が8点、証拠提出されたわけだ。原告はこれらを解読して以後の法廷で主張していく。ただしAIS記録は依然として提出されない。

　原告は第2準備書面で再度、衝突時刻と減速効果について次のように述べた。

　海上自衛隊の艦船事故調査委員会の調査資料から「衝突時刻を割り出すという作業は、いの一番に行われたはずである。衝突時刻以外の項目については秒単位の記載があるが、衝突時刻については記録がないとするのは誠に不自然といわねばならない。」

　わずかな減速では、「予防法8条2項『速力の変更を行う場合は、その変更を他の船舶が容易に認めることができるように大幅に行わなければならない』の趣旨に著しく反するのであり、減速をしたことにはならない。」

　また、「被告は、衝突の『おそれ』と衝突の『危険』を区別せず混用して、あるいは誤用している」として、「衝突のおそれを解消することにより船舶衝突を防止するという方法は、わが国の予防法のみならず国際的な規則」であり、予防法7条4項は「船舶は接近して来る他の船舶のコンパス方位に明確な変化が認められない場合はこれと衝突するおそれがあると判断しなければなら」ないと規定していることを挙げた。

2つの報告集会

　国家賠償請求訴訟の法廷に新たな証拠が提出されたことにより、これまで運輸安全委員会報告書によってしか分かっていなかった「おおすみ事件」の細部が、次第に明らかにされてきた。ここまでに分かったことを中心に、東京と広島で報告集会が行われた。

2017年1月28日、東京・新宿のスモン公害センター会議室で、「自衛艦おおすみ事件　真相を闇に葬らせない」と題した集会が、「平和に生きる権利の確立をめざす懇談会（略称「へいけんこん」）」の主催により行われた。同懇談会は小規模だが1985年から活動を続けている市民平和運動団体であり、私の活動拠点でもある。

　集会では田川俊一弁護士と私が報告し、広島から参加した国賠訴訟原告の栗栖紘枝さんと真相究明会の皆川恵史さんが発言した。

　私は、事件の発生から国家賠償請求訴訟にいたる経過について報告し、「おおすみ」は安全運航をしていたか、見張りは十分だったか、レーダー監視は十分だったか、「とびうお」は右転したのか、など疑惑の概略を説明した。

　田川弁護士の報告から、国家賠償請求裁判の進行状況について。

「訴状は16年5月25日に提出しました。4カ月後の9月20日にやっと第1回口頭弁論が、第2回は11月15日、第3回は17年1月24日、次回はなんと4月18日です。自衛隊側の時間稼ぎで弁論期日が延び延びになっています。

　いま2点にしぼって釈明を求めているのは、ひとつは衝突時刻はいつかということです。海の事件では衝突時刻がいつだったかからスタートします。陸上の事故なら、どこで衝突したのか、交差点の中か外か、信号は赤かかが問われて、衝突時刻そのものはあまり問題にならない。だけど海の事件では5秒違ったら場所が違ってくる、衝突の態様も違ってまいります。8時00分といいますが、5秒早ければ『おおすみ』が汽笛も鳴らした、速力も落とした、みんな衝突寸前のことになる。5秒は大きな違いです。ところが自衛隊は運輸安全委員会の報告書に8時00分と書いてあるから8時00分だと言っている。自分の船が衝突して1年も2年も経って、分からないはずがないんです。それを発表しないんです。

　2点目に釈明を求めたのは、『おおすみ』は速力を2度にわたって落としたと言いますが、第1戦速の17.4ノットから0.1ノットしか落ちてい

ません。17ノットで走っている船が0.1ノット落としたとわかりますか。乗っている人もわからないですよ。せいぜい３ノットくらい落とさないとわからないです。『おおすみ』は可変ピッチプロペラですから、ピッチを変えることによって前後進ができるんです。普通のプロペラだと固定されていますから、いったん止めて逆に回さないと後進にならない。『おおすみ』は簡単に後進にできるのに、そういう措置をまったくとっていない。」

栗栖さんのあいさつから。

「寒い日にたくさんのみなさまにお集まりいただき、ありがとうございます。『とびうお』は阿多田島に向かったことになっていますが、あの港はよその船は前から連絡をしていないと入れないんです。その日にすぐ入ることのできない港なんです。

『とびうお』はきれいに残っているんですよね。大きな船に飛び込んでいったら大破するはずですが、船はきれいなままでした。

高森はとても慎重な人で、車のＢライセンスも持っている人ですから、そんなゾウにアリが向かっていくような、そんなことをするはずがないんです。

亡くなられた方の分まで、裁判でがんばっていきたいと思っております。」

皆川さんのあいさつから。

「広島湾の地図を見るとおわかりのように、広島市の前の海には無数の島が点在しております。広島湾をはさみまして西側が岩国基地、東側は呉基地があるんです。ですから広島湾の出口のところ両側に、かたや米軍基地、かたや自衛隊基地と。

島が多いだけではなくて、広島湾は昔から牡蠣の産地でありまして、ほとんどのところに牡蠣イカダが浮かんでいるんです。広島湾の海上の事故でいちばん多いのは牡蠣イカダに関連した事故です。ロープを引っかけて船が転覆したとか。あと広島周辺の島にはそれぞれフェリーが走っております。プレジャーボートは全国で約19万隻あるらしいんですが、その約

1割が広島に集中しているということで、プレジャーボート が行き交っている。それから三菱造船とか造船所がありまして、大型船もかなり出入りしている、そういう海です。

　自衛隊呉基地を出た艦船というのは外洋に出るためにどう走るかといいますと、音戸瀬戸は水深が浅くて通れません。早瀬大橋の下も浅くて通れないです。ですから呉基地を出た船は広島方面に向かわざるを得ないんですね。これが潜水艦基地にもなっています。潜水艦が10隻 ここに配置されています。夜、釣りをしとってほおっと空が明るいので見えるんですけれども、いきなり目の前に潜水艦が浮上してぎょっとしたことがあるんですけれど、非常に気持ちが悪いです。そういう意味では危険がいっぱいの海になっております。

　県議会でも広島市、呉市、廿日市市、岩国市の市議会でもこの問題を採りあげて行政としても対応するよう要請しました。全部、門前払いになって、一時は元気をなくしておったんですよね。ここまでやってもなかなか扉が開けんものですから。挙げ句の果てはもう 刑事裁判はできないということになりまして、みんなしょげたですよ。マスコミの記者もさっと潮を引くように来んようになって。というところに広島の弁護団のみなさんの力もありまして、刑事がだめなら民事裁判を通じて白黒に迫っていこうと、こういうたたかいをやろうじゃないかということになって、今日に至っています。」

　この集会には1988年の「なだしお事件」、2001年の「えひめ丸事件」、2008年の「あたご事件」で真相究明・被害者救援の運動を共に進めた人々、海に働く人々も多く参加され、質疑討論で事件の理解を深めた。集会後に居酒屋で行われた懇親会は同窓会のようだった。

　3月16日には広島弁護士会館で真相究明会主催の「自衛艦『おおすみ』事件の真相究明を求める市民集会」が行われ、再び田川俊一弁護士と私が報告した。

　田川弁護士は、裁判の進行、提出書類、証拠提出について解説し、今後

の進行について次のように述べた。

　防衛省は、「おおすみ」に過失はない、と主張している。これは運輸安全委員会の報告書の内容と同一である。同報告書は、「とびうお」が衝突1分ほど前に針路をほぼ90度右転して「おおすみ」に衝突したと認定している。これの誤りは明らかである。原告らは、「おおすみ」艦長、当直士官、見張員らを証人申請して真相を解明する予定。

　集会に続いて真相究明会の第2回総会が開かれ、代表委員は以下のような体制となった。

　池上忍（自由法曹団広島支部事務局長）

　日高正勝（ヒロシマ勤労者つりの会会長）

　古田文和（広島県原水協）

　八幡直美（広島県労働組合総連合議長）

　沢田正（日本ジャーナリスト会議広島支部）

　利元克己（ヒロシマ革新懇）

　坂本千尋（岩国基地の拡張・強化に反対する広島県西部住民の会）

判明したこと、不明なこと

　2つの集会で私は「おおすみ事件」の事件性の概略を報告したつもりだが、ここまでの裁判に提出された諸資料で判明したこと、まだ不明なことをまとめておきたい。3つの報告書を比較しながらの記述になるので、以下、

・2015年1月29日に発表された運輸安全委員会の「船舶事故調査報告書」を「運輸安全委報告書」

・16年1月29日付の海上自衛隊事故調査委員会の艦船事故調査報告書を「海自報告書」

・16年2月5日に防衛省が発表した「輸送艦『おおすみ』と小型船『とびうお』の衝突事故調査結果について」を「簡略版報告書」

と略称する。

1. 衝突時刻について

　被告は運輸安全委報告書を引用して「8時00分ごろ」と他人事のように主張してきた。航行中の船同士の衝突事件なのだから、衝突時刻は秒単位で確定したうえで双方の動きを検証しなければ、衝突原因は分からない。

　海自報告書には「おおすみ」の甲板にいた乗員3人が、ともに汽笛を聞いたのちに「とびうお」が接触するのを見たとの記載がある（8〜9ページ）。5回の汽笛の吹鳴時刻は艦橋音響記録で確認されているので、この3人からの聴取により衝突時刻は秒単位でより正確に知ることができると思うが、どうだろうか。

　提出された航泊日誌は1月15日の分だけだが、「0800　両舷機停止　後進一杯　両舷機停止／プレジャーボート本艦と衝突（34°11.6N 132°19.4E）／救助艇用意」という記載があり、このうち「救助艇用意」は棒線で消されて同じ筆跡で「第一作業艇用意」に訂正されている。航泊日誌は秒単位では記載されていなかった。

　衝突事案ログは「おおすみ」から海上保安庁への報告用に1月15日当日に書かれたもの。「0802 ギョセンてんぷく／34 11.69° N 132 19.7E ／てんぷく0800／ショウゲキオントウナシ／キュウジョカツドウ中」。とある。ここでも記述は分単位になっている。

　海自報告書の記述では、08時00分03秒に当直士官（航海長）が「両舷停止」を下令、00分20〜22秒に艦長が「後進一杯」を下令、00分24〜29秒に艦長が「第1作業艇用意」を指示、01分46秒に船務長が艦長に進言し、了解を得て「両舷停止」を下令した（7ページ）。秒単位での記述なのは艦橋音響等記録装置交話記録（29〜30ページ）を参照しているからだろう。この間の対処行動は航泊日誌の8時00分内の記述から46秒はみ出ており、衝突後の行動を中心にしている。

　海自報告書をまとめるまでに、正確な衝突時刻を確定する努力をしな

かったのか、疑問に思われる。

2. 艦長の注意指示について

　運輸安全委報告書は、「おおすみ」艦長が7時49分ごろにいったん艦橋を離れたことについて、次のように記述している。「艦長Aは、B船が甲島付近に向けて南南西進しており、A船が次の予定針路である180°に変針すれば、B船と進路が交差する可能性があるので、07時49分ごろB船の動静に注意するように当直士官の航海長Aに指示して降橋した。」(7ページ) 艦長は「おおすみ」が左転すると「とびうお」と「進路が交差する可能性がある」ことを正しく認識しており、当直士官に「とびうお」の動きに注意するよう指示した。

　この部分は海自報告書では次のような記述になっている。「艦長は、小用のため一旦降橋した。その際、艦首を横切っていった『とびうお』が気になっていたことから、小黒神島付近を南下する『とびうお』に注意するよう当直士官に注意喚起した。これに対し当直士官は了解を示したが、『とびうお』に対する注意喚起ではなく一般的な小型目標に対する注意喚起と認識した。」(4ページ)

　では具体的に艦長は何と言い、当直士官は何と答えたのかが知りたいところだが、運輸安全委報告書の音声情報は7時56分25秒以後、海自報告書の交話記録は7時50分35秒以後の分しかないので確認できない。いずれにしても、艦長は180度に変針する前から「とびうお」に注目していた。当直士官はどうだったのか。

3. 二通りのレーダー映像について

　運輸安全委報告書には「付図4」として7時50分21秒から55分21秒まで（画面表示上は49分から54分）のレーダー映像6点が掲載されている。防衛省が開示したレーダー映像は、表示上7時40分から8時10分まで、全部で123点ある。「とびうお」がレーダーで捉えられなくなって以後、

さらに衝突後までの情報を含む。レーダー指示機に表示されるレーダー情報は15秒おきに更新されるが、表示画面には時分の表示はあっても秒の表示はない。同じ時刻表示の映像が4枚あるということだ。

「表示上は」と書かねばならないのは、レーダー映像表示時刻は実際より1分6秒遅れていた旨の「おおすみ」船務長の口述が運輸安全委報告書にある（4ページ）からだ。いつ、どのようにして遅れが発見されたのかは、運輸安全委報告書にも海自報告書にも何も書かれていない。

「おおすみ」は3種のレーダーを搭載するが、当時使用していたのは対水上レーダーだけなので、運輸安全委報告書のレーダー映像も裁判で開示されたものも、元は同じレーダー OPS-28D からの情報をレーダー指示器で見た映像と思われる。ところが後者には前者にない情報、接近した船の記号や CPA（最接近点）等が表示されている。【図17】は本書59ページ【図11】と同じ時刻、同じレーダーからの映像だ。CIC で主に使用していたレーダー指示器は捜索用の OPA-3E であり、ARPA（衝突予防援助装置）が

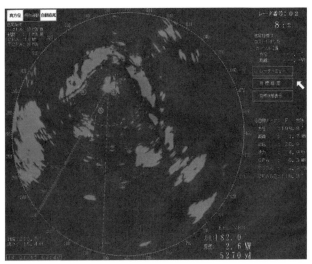

図17　海上自衛隊が裁判で開示したレーダー映像の一例。【図11】と同じ時刻、同じレーダーからの映像だが、右手には F 目標の CPA 等の情報がある

付いているため、目標をプロットすれば多くの情報が自動的に得られる。艦橋のレーダー指示機は艦位測定用の OPA-6D だが、同じ情報が表示されるはずだ。

　運輸安全委報告書付図のレーダー映像には、「とびうお」の位置が赤丸で表示されている。これは事故後のレーダー解析の際に書き込まれた赤丸であって、「おおすみ」がレーダー監視していたときの表示ではない。運輸安全委員会がどのようにレーダー映像を解析して「とびうお」を特定したのかは、報告書には書かれていない。

4. レーダー監視について

　7 時 55 分 36 秒ごろ以降の「とびうお」の位置は「おおすみ」のレーダーでは分からない。その理由を運輸安全委報告書は「海面反射に紛れており、特定することができなかった」（4 ページ）と書いている。この時刻にはすでにおおすみは左転によってとびうおと進路が交差する危険を生じていた。「おおすみ」は「とびうお」の位置確認の努力をすべきだったろう。しかし電測員は遠くを見るようにしたままだった。海自報告書はこの経緯を「C 士長は、電測員長から捜索レンジ等の指定がなかったため、OPA-3E の捜索レンジを適宜切り替え捜索していた（3 ページ）とある。操艦の実務責任者である当直士官からも、レーダー監視の責任者である電測員長からも、捜索レンジについては何の指示もなかったわけだ。

　艦橋情報表示装置の画面では、レーダー情報が電子海図と併せて表示され、監視対象はアルファベットで名付けられプロッティングされていた。OPA-6D レーダー指示機の取扱説明書には「目標データ表示」の項目がある。G（ゴルフ）目標と名付けた「とびうお」のレーダー情報が得られないことに関して、艦橋からは何度も CIC に対して報告を要請しているが、報告はなかった。海自報告書の交話記録によれば、7 時 55 分 13 秒に艦橋の当直士官から CIC に対して「G の CPA〔最接近点〕知らせ」と指示したが、回答はなかった。そのため再度 56 分 46 秒に艦橋から CIC に対し

て「Gの的針的速知らせ」と指示したが、回答はなかった（28ページ）。

海自報告書はこの間の事情を次のように説明している。

「0752頃……艦橋から『130度、距離1000の目標、測的始め』と指示されたC士長は、当該目標をG目標として測的する旨を艦橋伝令に報告したが、目標を捜索したものの探知はできなかった。当直士官はCICから『G目標と呼称する。』と報告があったことから、CICが目標を探知し、測的を開始したものと認識した（4ページ）。」

「0755頃……電測員長は、C士長がG目標の針路・速力を艦橋へ報告しないことからG目標の探知状況を確認したところ、C士長は、G目標を探知していなかった。／電測員長は、C士長がレーダー画面上でG目標をプロットできていないことから、『プロットできていないじゃないか。Gはどれだ。これじゃないのか。』と艦橋から指示された方向に阿多田島方向から東進してきた目標がいたため、その目標をG目標と誤認識し、その目標が、『おおすみ』にとって危険ではないと判断、北上するH目標及びその他の目標に注意するようにC士長に指示した。」

結局CICは誤認したG目標をプロットしないまま、G目標と誤認した目標の「危険なし」の判断さえ、艦橋に伝えなかった。

海自から開示されたレーダー映像を見ると、表示時刻45秒の4点目（以下「45-4」のように書く。全123点のうちの第23）から2番目標に「危険」マークが出ており、48-1（第32）からこれをF目標とし、48-4（第35）以降、Fの目標データとして方位、距離、針路、速力、CPA、TCPA（最接近時）、CPA方位が表示されている。この間、危険目標としてはFを監視していた。

交話記録では55分00秒にFは危険でなくなったとして「測的止め」の指示が出ている。レーダー映像では表示57-2（第69）で「全目標消去」となり、要監視の目標はなくなった。そして艦橋からCICに対してG目標＝「とびうお」のプロット指示が出たが、CICは目標をプロットできないまま、危険なしと判断した。123枚のレーダー映像中にGマークはどこにもない。

　なおレーダー映像の左下にある「追尾条件」を見ると、CPA が 1.0 キロ、TCPA が 10 分になったとき自動的に危険マークが出るようになっていた。このような条件では 123 点のレーダー映像上に非常に多くの危険マークが出ているから、ABC 順に設定した要監視目標はその一部にすぎなかったことが分かる。高速で運航することの危険性を感じないほうがおかしいのではないか。

5. 伝令の交代について

　艦橋内ではエンジン音がうるさくても、肉声で指示の声は聞こえるだろう。しかし別の場所にある CIC や機関部との連絡には、通信系統と連絡員が必要だ。艦長や当直士官の指示を艦内の各部門に伝えるのは艦橋伝令の役割となっている。海自報告書別紙第2の「おおすみ艦橋配置図」【図 18】によれば、艦橋の中央、当直士官の後ろに伝令がいた。ところが肝心なときに艦橋伝令が交代し、なんと 16 秒間も各部との交話ができなくなっていた。

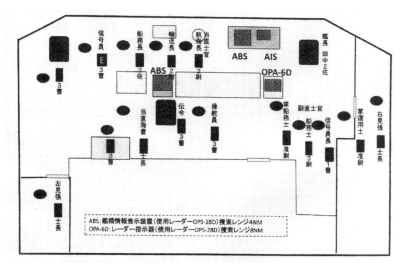

図18　事故当時の「おおすみ」艦橋人員配置。海上自衛隊艦船事故調査報告書より

海自報告書の交話記録には 075532 に「各部艦橋伝令交代する送話しばらく待て」、075548 に「各部艦橋伝令交代した送話差支えなし。（各部感度チェック）」とある（28 ページ）。この間には艦橋で伝令の右隣にいた操舵員も交代している。ずいぶん半端な時間の要員交代だと思うが、それにしても艦橋から CIC に「とびうお」の位置確認を指示して回答待ちをしている最中に伝令が交代し、16 秒間も艦内通信に空白があるのは危険ではないのだろうか。交代時には短時間でも前任者と重複で勤務するのが常識ではないのか。また、伝令交代ごとに時間をかけて感度チェックをするのだろうか。

6. 左見張員の見張りについて

「おおすみ」当直士官は G 目標と名付けた「とびうお」の位置を CIC に聞いたが回答がなかったので、今度は左見張員から G の危険度を確認させようとした。

運輸安全委報告書では音声情報から、7 時 57 分 00 秒〜20 秒の間に、航海長が左見張員に「ゴルフ目標、こちらを視認しているか」と聞き、伝令が復唱し、左見張員が「こちらを視認している」と応え、伝令が復唱したことになっている（5 ページ）。

海自報告書は同じ音源から文字化しているのだが、この一連のやりとりに 57 分 4 秒から 18 秒までの、なんと 14 秒もかかったことになっており、しかも最後の伝令の音声は「G こちらを視認している（見張りからの報告？）」と、疑問符がついている（29 ページ）。本当に左見張員は「とびうお」船長がこちらを見て接近に気づいていることを確認したのか。見るべき方向まで指示されているのに、こんなに悠長なやりとりで良いのか。

海自報告書 5 ページの記述では、次のように説明している。「左見張員は、『とびうお』の操船者がこちらを視認しているのを 20 倍双眼鏡で確認できたこと及び指示がある以前から『とびうお』の操船者と思われる人物が『おおすみ』の方向を何回か見ているのを視認していたことから、当直士官へ

『Gこちらを視認している。』と報告した。」

「とびうお」の操舵室には高森船長しかいなかったので、当然それが操船者であって20倍双眼鏡なら容易に確認できるはずだが、「操船者と思われる人物」とは、ずいぶんあいまいな表現だ。

7. 衝突回避行動について

「おおすみ」は衝突の危険を感じたとき、速度を緩め、警告信号を発し、右転したという。これが適時適切な衝突回避行動であったかどうかは、艦の旋回能力、緊急停止能力が分からなければ判断のしようがない。

　運輸安全委員会報告書も指摘していたことだが（23～24ページ）、「おおすみ」航行指針においては、3000ヤード以内に接近する船については余裕をもって警告信号を発することになっていた（同指針10ページ）。海上自衛隊では距離単位に海里（シーマイル）、ヤード、メートルを混用するので混乱するが、1ヤードは約0.9メートル。3000ヤードは約2700メートル。この距離まで接近したときにはもう警告信号を発しなければならないはずが、「おおすみ事件」では60メートルの間隔で交差するから大丈夫だと判断していた。海自報告書はこの点を次のように弁解している。「航行指針は、主として外洋での活用を想定したものであるため、今回のような比較的船舶の輻輳する内海域においては、在橋した艦長の判断により航行指針によらない対勢判断及び避航動作が行われたことは、問題ではない。」（15ページ）

　念のため航行指針を読み返しても、「主として外洋での活用を想定したもの」のような記述も、内海域では指針によらない航行をして良いとの記述もない。外洋ではあまり遭遇しないような、プレジャーボートに関する記述もある。

「航行船舶は、見張り・操船・操舵を一人で実施している場合が多く、オートパイロットによる居眠り運転も少なくない。操業中の漁船は漁具の操作で精一杯であり、見張り能力は低く、運動も不規則になる。（プレジャーボー

トにシーマンシップを期待するな。）／ これらの船舶の不規則な運動に対応し得るよう、特に次の点に留意せよ。（ア）近接する船舶の船橋で、操船者が自艦を認識しているかの確認」（9 ページ）

「プレジャーボートのシーマンシップを期待するな」というカッコにくくった記述は航行指針の原文のままで、小型民間船に対してかなり失礼な表現になっている。小型船舶の操船者がこちらを見ているか確認するのを原則としているのは、こちらを見ているなら小型船のほうで避航するのが当然という「シーマンシップ」に期待するからではないのか。このような意味の「シーマンシップ」は当然、船の大小にかかわらず同じ規則を適用する国際海上衝突予防規則にも海上衝突予防法にも反するが。

衝突の前、「おおすみ」当直士官は艦橋からは見えている「とびうお」との衝突の危険度を正確に CIC に確認しようとして回答を得られず、次に左見張員に「とびうお」の動向についてではなく、「こちらを視認しているか」を確認しようとした。航行指針に忠実ではあるが、「とびうお」が「おおすみ」の接近に気づいているなら、向こうが逃げるだろうという期待からではないのか。

航行指針の 13 ページには、「衝突回避緊急操艦」の項目もある。その中で「切迫した危険を回避するための緊急操艦は、次による」として、針路交角が 90 度以内の場合は限度距離 1000 ヤード、90 度以上の場合の距離限度を 1600 ヤードとしている。さらに「針路上至近距離の障害物の回避」は、距離 500 ヤード以上なら「変針による回避」、500 ヤード以内なら「偏位運動による回避」、より至近距離なら「転舵時のキックの利用による、船体接触の防止」となっている。約 1440 メートルあるいは約 900 メートルに接近したときはもう危険回避の緊急操艦になるはずだ。またキックの利用が「より至近距離」と距離を数字で表記していないのは、微妙なところだ。

なお、「おおすみ」の航行指針は運輸安全委員会報告書によれば、「A 船の前任艦長によって作成され、艦長 A が継承していた」もの（23 ページ）、

つまり「おおすみ」艦長が自分で作ったものだった。実態に即していない
ような不都合があれば艦長が自分で改定することもできたはずだ。

8. 訓練管理の問題

　運航技術の未熟について、2013年つまり事故前年の訓練査閲で指摘さ
れていたことがある。海自報告書には「平成25年の訓練査閲において、
変針時、当直士官は舵角指示器の確認、副直士官は艦位測定が円滑でない
こと、見張員は目標の発見が遅いこと、追加報告等について指摘された。」
とある（17ページ）。舵がどちらを向いているか確認しない、艦がどこに
いるかの測定が遅い、目標の発見が遅い、報告に不備があって追加せざる
を得ない、ということだろうか。なんとも頼りないというか、有事に役に
立つ艦なのか不安になる。

　しかし査閲翌年の事故時までには「これを受け、艦長は、機会をとらえ
て訓練し、隊司令は、乗艦機会を通じその改善状況を直接確認するととも
に、艦長に対する継続した指導を行っており、隊司令の訓練管理に関する
指導監督に問題は認められない。」「艦長は、おおすみ航行指針を定め、運
航の安全に万全を期すよう指導しており、……艦長の安全管理が事故の要
因とは認められない。」（同）

　ここでいう「隊司令」とは、「おおすみ」艦長の上官である第1輸送隊
司令のこと。自ら「おおすみ」に乗り込み指導したということだ。

　きちんと訓練管理をして、前年に指摘された問題点を克服していたなら、
なぜレーダー監視員が「とびうお」を見つけられなかったり、見張員が目
標を確認するのに14秒もかかったりしたのだろうか。

9. 簡略版報告書について

　海自報告書をはじめ、これまでに開示された諸文書を細かく検討してみ
ると、以上のように「おおすみ」の航行には多くの疑問が沸く。簡略版報
告書が事故の運航上の要因を「1　艦長（見張り、行船上の判断・処置、緊

急操艦要領、艦内各部に対する指揮）／2 当直士官等（見張り及び見張り指揮、行船上の判断・処置、戦闘指揮所の指揮・連携）／3 艦橋当直員、戦闘指揮所当直員（報告・連携）」「について検証を行った結果、事故の要因は認められなかった」と結論したのとは、まったく異なった印象を持つ。海自が地検の不起訴処分を待って報告書を作成し、その全文が国賠訴訟の進行まで公表されず簡略版で済ませていたのも、印象操作、隠蔽と感じざるを得ない。

第 5 章

新たな証拠で分かったこと

「やばい」と「キック」

　広島の裁判所に何度も通っていると、季節の移ろいを感じる。構内のタイワンフウの巨木の紅葉、ウニのような実、そして新緑。隣の広島城公園の桜も楽しい。裁判所構内の南西隅には法曹関係被爆者の慰霊碑があり、「敬憶」の文字が彫られている。法廷のある北棟の２階東側は資料展示コーナーになっていて、江戸時代からの裁判文書や、戦前の法廷で裁判官・検察官・弁護士が着ていた法服などが見られる。長丁場になった裁判の傍聴に通うには、このようなものに目を楽しませるほかはない。

　第４回口頭弁論は2017年４月18日13時30分から、305号法廷で行われた。

　原告から第３準備書面を提出し、この中でこれまでの被告の主張に反論した。その一部を〔　〕内に註記を加え引用する。

「被告は、おおすみととびうおの位置関係についていずれも甲２〔運輸安全委員会報告書〕のAIS記録やレーダーの記録に基づいて主張しているが、AIS記録については原資料が提出されておらず、また、レーダー記録については時間の改変〔表示が１分６秒遅れていたとされること〕がなされているのであるから、甲２のみでは，おおすみととびうおの位置関係を明らかにする証拠としては不十分であるといわざるを得ない。」

　このように、被告主張の肝心な部分は運輸安全委員会の報告書の丸写しであること、なお不明点が多いことを指摘し、あらためて以下の求釈明をした。

・AIS情報の原本

・正確な衝突時刻

・レーダー写真をどう見れば「とびうお」の位置が分かるのか

・レーダー表示時刻の遅れはどのような方法でいつ特定したのか

・艦橋音声記録の原本

・「おおすみ」の操縦性能表に該当するもの（具体的には旋回径、最短停止距離の分かるもの）

　第 5 回口頭弁論は 2017 年 6 月 20 日 13 時 30 分から、305 法廷で行われた。
　被告は、これまでの原告からの求釈明に対する回答書を提出したが、この記述は海上自衛隊の艦船事故調査がいかにずさんなものかをあからさまにした。
　秒数まで含めた正確な衝突時刻は記録していない。
　運輸安全委員会がレーダー図をどのように分析したかは承知していない。
　レーダー表示の時刻の遅れが生じた時期と原因については調査していない。
　航路図は運輸安全委員会報告から引用したが再分析はしていない。
　AIS 情報表示装置はあるが情報保存・出力機能はない。
　艦橋音声記録の原本は個人名の音声を消した上で提出する。
　操縦性能は防衛対策上、開示できない。
　原告から、あらためて「おおすみ」の操縦性能について、「おおすみ」が衝突回避に適切な処置をとったと主張するなら、適切であったかどうか判断できる範囲で提出するよう求めたが、被告は「回答書の通り。これ以上の対応はしない」と拒否した。要するに防衛秘密だ。

　第 6 回口頭弁論は 2017 年 9 月 5 日 13 時 30 分から、302 号法廷で行われた。
　原告が文書送付嘱託の申立てをしていた AIS 情報が、東洋信号通信社から届いた。文書送付嘱託とは、裁判所が申立てに基づき、文書の所持者に対し提出を求めること。東洋信号通信社は国内外の船舶航行データを提供することを業務としており、受信した「おおすみ」の AIS 記録を所持していた。
「おおすみ」＝ OHSUMI の MMSI 番号（海上移動業識別コード）は 431999627。「おおすみ」の艦橋上方にあるアンテナから数秒ごとに送信し

た位置情報等を地上で受信、記録した。艦の位置が緯度経度で、また対地速力、対地進路、真船首方向が刻々と記録されている。送信時刻はグリニッジ標準時での表示なので日本の標準時からは9時間遅れとなり、受信時刻は日本の標準時での表示だ。運輸安全委報告書のAIS記録は7時30分09秒から8時01分59秒までの抜粋で、海自報告書にはAIS記録は収録されていなかった。今回出て来たものは7時47分50秒から8時05分05秒までの詳細なものだ。これを解読しての原告の主張は次回に行う。

原告は証拠として、前回までの求釈明により開示された「おおすみ」艦橋音声記録と、黒田直行弁護士によるその聴取結果を提出した。音声記録は艦橋の左右の天井に設置された記録装置を音源とするため左右の二通りあり、雑音が多くまことに聞き取りにくい。運輸安全委報告書には「音声等の情報（抜粋）」として、海自報告書には「簡易型艦橋音響等記録装置交話記録（抜粋）」として聴取したものが掲載されているが、ともに粗密があり、重要な発言が隠れているのではないかという疑問があった。

黒田弁護士の聴取によると、艦橋音声記録からは7時55分15秒に「GのCPA46です」と聞き取れる。Gは「とびうお」につけた記号「ゴルフ」のこと、CPAは再接近距離のこと。単位がヤードかメートルかが不明だが、ヤードだとすると約42メートルで、双方がこの速度・針路で進むとたいへん危険な距離に接近することになることを示す。

また7時57分40秒に「やばい」という音声がある。『広辞苑』は「やばい」を、「危険。危険なことになる。」と説明している。近年の口語では「すごくいい」の意味でも使われるが、この音声記録の場合は本来の意味だろう。「おおすみ」艦橋ではすでにこの時点で衝突の危険を認識していたことを示す。

7時59分06秒には「避けられん」の音声がある。そして7時59分30秒には、再び「やばい」の音声がある。

運輸安全委報告書も海自報告書も、これら4件の音声を文字起こししていない。

　この日に原告が提出した第5準備書面では、艦橋音声記録の問題とともに「キック」の問題を次のように提起した。キックとは船が舵を取った方向とは逆方向に船尾が触れることをいう。

「おおすみ」は衝突直前に右舵一杯をとったことで、キックの効果（右舵を取ると、船体と船尾が左舷側に振れる）により、「とびうお」との衝突を生じさせた。「とびうお」は「おおすみ」の左舷側艦首至近を航行していたのだから、左舵を取らなければならなかった。本田啓之輔著『操船通論』には「船外に人が転落したとき、発生した方に舵を取って船尾をかわす」とあり、橋本進他著『操船の基礎』には「操舵に伴う船尾の振り出し」の図がある。被告が提出した「おおすみ」航行指針にも、至近距離では「転舵時のキックの利用による船体接触の防止」が書かれている。「おおすみ」艦長の衝突直前の「面舵一杯」の指示は、船技常識の逆ということになる。

とびうお右転説は誤り

　第7回口頭弁論は2017年10月31日、302号法廷で行われた。

　原告は提出した第6準備書面で、被告の過失を次の3点に整理した。

・「おおすみ」は「追越し船」の態勢で「とびうお」に接近しつつあったが、針路変更も減速もしなかった。

・「おおすみ」は7時57分ごろ左転を終え新たな衝突の危険を生じさせた（見かけ上の「横切り船」の関係になった）が、やはり危険解消のための動作をしなかった

・「おおすみ」は最終段階で左転してキックにより衝突を避けるべきだったが、逆に動いた。

　被告は第3準備書面を提出し、この中で原告の艦橋音声記録聴取の結果に反論して、次のように述べた。

　7時55分15秒は「GのCPA46です」ではなく「方位角右40度」。

　7時57分40秒と59分30秒は「やばい」ではなく「了解」。

7時59分06秒の「避けられん」は指摘のとおり。

　同じ音声記録を原告側とはずいぶん違った聞き取り方をしているが、7時59分06秒、見張員から「同航の漁船、距離近づく」の報告が届く以前の艦橋内ですでに誰かが「避けられん」と発言していたことは認めたわけだ。

　第8回口頭弁論はまた年が変わって2018年1月16日15時から、302号法廷で行われた。事件発生から4年が経っている。

　原告から証拠として、日本音響研究所に依頼した艦橋音声記録の分析結果報告書が提出された。問題箇所は「ごるふのしーぴーよんじゅうろくで」「りゃかい」と聞き取れるという。「避けられん」については被告も認めているので分析を依頼していない。

　被告から第4準備書面が提出された。主な主張は以下の通り。

「おおすみは……とびうおに追いつきその前方に出ようとするなどの動きはしておらず、……とびうおの右後方をおおむね同じ速度で航行し、2度にわたって減速してとびうおに先に針路を横切らせるべく航行していた。」

「事故直前におけるおおすみの『面舵一杯』を含む緊急操艦は、艦首を左から至近距離で横切ろうとするとびうおとの距離を取り、とびうおとの衝突を避けようとして右転したものであり、このような操艦には何ら過失はない。」

　原告は第7準備書面を提出し、次のように反論した。

「おおすみととびうおは、おおむね同じ速度というが、……おおすみは17.4ノット、とびうおは16.4ノットの速力であった。進路交角は17度（180-197度）であるから、とびうおの180度方向への速力は16.4 × cos17 ≒ 15.7ノットとなる。よって速力差は1.7ノットになる（17.4-15.7）。おおすみは1.7ノットの速力差で、とびうおに追いつき、追い越す態勢であったといえる。」

「『減速した』ということは、減速の指示を出したことを意味するもので

はなく、実際に船舶がそれまでの速力から速力が下がったことを意味する。」「衝突の15秒前に（59分45秒）17.4 → 17.3 と、ごくわずかの0.1ノット下がり、衝突の9秒前（59分51秒）に 0.3 ノット下がった。……2度に渡って減速したとの主張は事実に反する。実効のある減速はなかったのである。」

今回の口頭弁論から、フリージャーナリストの三宅勝久さん（『悩める自衛官　自殺者急増の内幕』『司法が凶器に変わるとき「東金女児殺害事件」の謎を追う』等の著書がある）、水先人で海技大学校客員教授（当時）の柿山朗さんが、裁判を傍聴するとともに真相究明会主催の報告会に参加し、発言されたのは心強いことだった。

第9回口頭弁論は2018年3月27日13時30分から、第302号法廷で行われた。

先に原告から運輸安全委員会に事故調査報告書の基になった資料の送付を求める文書送付嘱託を申立てていたが、同委員会から提出拒否の回答が来た。本書第2章でこの報告書に対する疑問を書いたが、疑問は解けないことになる。

艦橋音声記録の聴取については原告と被告の間で相違があったため、原告はあらためて日本女子大学客員研究員の村岡輝雄氏に音響分析を依頼していた。その報告書が3月12日に提出されたため、原告からこれを証拠として提出した。村岡博士はこれまでも航空機事故でのボイスレコーダー解析や、国内外の犯罪事件での音響分析で活躍してこられた方である。

問題の箇所は「シエーシー　ゴルフ　ソー　シーピーエフ　ジョース　デー（ス）」「やばい」「りょーかい」と聞き取っている。やはり7時57分40秒の段階で「おおすみ」艦橋では衝突の危険を認識して「やばい」と発言する者がいたのだ。

なおこの村岡報告書は、音響記録の問題性についても指摘している。「供試された音声記録は船のエンジン音が非常に大きくしかもそれが航行

状況に応じて大きく変動する環境下でなされており、使用されたマイクロフォンも周波数特性が電話機相当と考えられて音質に癖があり、音声を聴取しその内容を十分に理解するには困難を伴っていた。また、非常に早口での発話で関係者間で用いられる用語が多用されているので、発話当事者間以外には内容の了解は容易ではない。」

　要するに「おおすみ」艦橋に設置されていた音響記録装置は、事故の検証のためにはあまりにも性能の低いものだった。海上自衛隊では2008年の「あたご事件」の教訓から、自衛艦にも航空機のボイスレコーダーのような事故原因を検証するためのものが必要だと判断して、艦橋音響等記録装置を整備することになった。ところが現実には機器の性能が低すぎて実用的でないところがあると指摘されたわけだ。

　原告は第8準備書面でこの報告書をもとに次のように主張した。

　音響記録の分析から「おおすみ艦橋では59分より前に、とびうおとの衝突は避けられない状況にあったことを認識していた」ことが分かる。「とびうおが右転したことにより衝突の危険が生じたという『とびうお右転説』は誤りである。」

裁判長交代

　第10回口頭弁論は2018年5月29日13時30分から、302号法廷で行われた。裁判官が交代し、谷村武則裁判長、金洪周右陪席、内村論史左陪席となった。

　原告は広島地方検察庁に海上保安庁の実況見分調書を提出するよう、文書送付嘱託を申立てた。

　原告は第9準備書面で、事実認定上の争点として、衝突のおそれの存否、「とびうお」右転の存否について述べた。後者については以下の通り。

　・「とびうおの釣り場は甲島であり、衝突地点付近で、そのままの針路で直進すれば甲島の釣り場に至る。この付近で阿多田漁港に向けて大

きく右転する必要性は全くなかった。」
・「とびうお」右転説の運輸安全委員会報告書が、「とびうお」乗船者が右転に気づかなかった理由として 28 ページでは「下を向くなどして周囲の景色を見ていなければ」、31 ページでは「徐々に右に転進したことから」と異なる理由付けをしているのは「何の説得力もない」。
・船長 C は唯一、第三者の目撃者とされており、2 回目の汽笛を聞いて外海を見たときに「とびうお」を「おおすみ」の全長分（178 メートル）ほど前に視認したという。音速と距離を考慮すると、衝突の 10 ～ 8 秒前に「とびうお」を「おおすみ」の全長分ほど前に見ることはあり得ない。この目撃証言は「信用をおくことができない」。

　原告はまた証拠として、ボートパーク広島と阿多田漁港の取材から「とびうおが阿多田島に向かう必然性は何もなかった」と主張する私の陳述書を提出した。

　第 11 回口頭弁論は 2018 年 7 月 31 日、302 号法廷で行われた。毎回、裁判の行方を見守ってきた原告の栗栖紘枝さんが体調を崩し、しばらく欠席されることになった。
　原告は第 10 準備書面を提出し、航法の適用解釈について、本件には追越し船の航法が適用になること、同航法が適用にならないとしても「おおすみ」が新たな衝突の危険を生じさせた（見かけ上の横切り船）ことを図面を添付して述べた。
　原告はまた「おおすみ」艦長を初めとする申請証人予定者の住所氏名（防衛省の事故調査報告書には艦長と航海長以外の氏名は記されていない）を明らかにするよう被告に求めた。田中久行艦長、西岡秀徳航海長、船務長、左見張員、レーダー監視員、衝突を目撃した乗員、阿多田島からの目撃者が対象である。被告は、証人尋問の必要はないと述べた。
　裁判長は、証人尋問の必要性は双方の主張整理が終わった段階であらためて議論するとの方針を述べた。実況見分調書の文書送付嘱託をした海上

保安庁の回答には数カ月かかる見込みという。何を提出するか、どこを黒塗りとするかの判断に手間取っているのだろう。

　裁判の終了後、報告集会と真相究明会の第3回総会が行われ、記念講演として私が「海上自衛隊の現状とおおすみ事件」と題してパワーポイント映像を使用してお話をした。また真相究明会の代表委員には7氏全員が留任した。

　第12回口頭弁論は2018年10月16日11時から、302法廷で行われた。

　10月1日から、広島地方裁判所でも出入りは正面玄関の一箇所のみとし、所持品検査が行われることになった。空港の搭乗口と同様のゲートを抜けて入場するが、ベルトのバックル程度の金属でも引っかかる。広島の裁判所で何かトラブルがあったとは聞いていないが、物騒な時代となった。それまでは玄関に守衛がいるものの、複数の出入口から自由に出入りできたのだが。

　原告の寺岡章二さんの陳述書が提出された。以下に一部を引用する。

「とびうおは甲島の釣り場に向かって南に進んでいましたが、『おおすみ』を見ると、とびうおの右横から後方約60〜70度くらいの方角、1キロメートルくらいのところを進行していました。その後『おおすみ』の船首がとびうおに向かって進んで来ました。そのころ、『おおすみ』はとびうおの後方500メートルくらい離れていたので、余り気にしませんでした。しばらくすると、とびうおに向かって200メートルくらいまで近づいて来ましたが、まだ不安はありませんでした。

　ところが『おおすみ』の速度は結構速く、あっという間にとびうおの右後方5〜6メートルまで来たところで『おおすみ』が汽笛を鳴らしました。その直後、ガガーッと音を立てながら『おおすみ』の左舷側ととびうおの右舷側が接触し、とびうおの右舷側が浮き上がり、左舷から海水が一挙に入り始めました。私は『これは転覆する』と、とっさに左舷側の海に飛び込みました。」

「とびうおが衝突1分前に阿多田島方向に右転したとの報道を聞きました。しかし、とびうおは甲島の釣り場に向かって南に直進していましたのでも右転すること等は絶対にありません。『おおすみ』がとびうおの右斜め後方から追い越して来て突っ込んで来たことに間違いはありません。」

「おおすみ」が後方から高速で近づいて来たこと、衝突必至の状態になってから汽笛を鳴らしたこと、「とびうお」は直進しており右転などしていないことが明瞭に陳述されている。

　被告は第5準備書面を提出し、前回の原告第10準備書面の主張に反論した。

　このなかでは運輸安全委員会報告書の推定航行経路図の「作成方法は科学的かつ合理的なものであって、その作成過程にも何ら誤りは認められないから、極めて信用性の高いもの」だとしてこれに依拠し、「おおすみは追越し船ではない」「変針により新たな衝突の危険を生じさせたということもない」と主張した。また原告作成の図について、「本件事故の衝突地点を起点として、あえて客観的事実を無視し、あるいはこれを歪曲して自己の主張に沿うように計算・作成された図面というほかない」と非難した。

　また衝突回避の「おおすみ」の右転について、「航行指針」には「針路上至近距離にある障害物の回避」についての記載があるが、「とびうお」は動力船であって障害物に該当しないから適用されない、また衝突予防法は横切り関係のとき針路を左に転じてはならないと定めているから、「何ら過失は認められない」と主張した。

　原告は第11準備書面で反論した。

「おおすみ」の変針が衝突の危険を生じさせたことについて。「被告は、本件変針が行われた頃は『07時54分51秒』としている。」しかし定針・定速となったのは「衝突前、3分未満の07時57分02秒である。したがって原告は、この時点で新たな衝突の危険を生じさせたと主張している」

　被告の非難した図について。「07時59分31秒、おおすみ艦橋左舷側の見張り員が漁船（とびうお）のベアリング〔方位〕を測定したが、この漁

船が艦首左舷方50度の方位の線上に存在していることを報告したものである（実測）。原告らは、おおすみの艦首左舷側左50度に方位線を引き、その線上に位置している漁船を特定するため、衝突地点から甲2〔運輸安全委員会報告書〕が推定する漁船の進路を197度の方位線を引き、その交点を特定したものである。ここからすると、追い越し態勢（予防法13条2項）であることが判明する。このことは、とびうお乗船者寺岡章二の供述（甲25）と一致する。」

「おおすみ」の右転について。「被告は、障害物の意義を理解していない。動力を持った船であろうとなかろうと、自船が直進すると、それに衝突の危険がある船・物などが障害物になる。」

　なお送付嘱託に対する回答として、広島地方検察庁から海上保安庁の実況見分調書などが裁判所に届いた。膨大な文書で黒塗り部分もあるが、新たに明らかになったことも多い。原告は次回以後、これらの文書も証拠としながら主張する。

海上保安庁の捜査記録で分かったこと

　地検からの海保文書は多岐にわたるが、主なものを解読してみる。

1. 2月13日付「検証調書（甲）」

　2014年2月13日、海保は「おおすみ」と「とびうお」模擬船も使い事故当時と同じ航跡をたどらせて「両船からの確認状況、自衛艦の運動性能について明らかに」した。

「おおすみ」の右旋回試験では、第1戦速黒10で面舵一杯を発令したとき、発令から7秒後に右向首を開始し、90度旋回までに1分7秒、180度旋回までに2分6秒かかった。旋回の直径は縦方向に445.98メートル、横方向に447.28メートルだった。旋回能力は高い。

　なお「黒10」とは定められたプロペラ回転数から10回転増やすことを

いう。

「おおすみ」の第 1 戦速黒 10 からの最短停止試験では、1 回目が 2 分 24 秒かかって 580.1 メートルで停止、2 回目は 2 分 22 秒かかって 665.9 メートルで停止した。ずいぶんばらつきがある。

「おおすみ」の減速試験では、第 1 戦速黒 10 から強速になるまでに 3 分 44 秒かかり 1898.6 メートル進んだ。強速から原速までに 2 分 29 秒、980.7 メートル。原速から微速までに 3 分 20 秒、830.4 メートル。やはり減速にはかなり時間がかかり、進出距離も長い。

「おおすみ」の衝突回避行動の再現では、7 時 58 分 48 秒に第 1 戦速黒 10 から強速に落とした位置から、8 時 1 分 30 秒の位置までに、縦に 1105.9 メートル、横に 159.6 メートル進んだ。

　このような 2014 年 2 月 13 日の実験で「おおすみ」の運動性能がかなり明らかになり、黒塗りにならずに開示されたので上に記したが、2017 年 6 月 20 日の第 5 回口頭弁論になっても、被告側は「おおすみ」の操縦性能は答えられないという態度を貫いたのだった。

　ただし、上の海保による衝突回避行動再現実験の信頼性は低い。「仮想船は高速で航行ができなかったため、……相互の関係を確認することができなかった」とある。また 2014 年 2 月 26 日付「検証用資料の誤記に関する報告書」には、検証用資料に面舵一杯と両舷後進の順序を間違えたため「衝突直前を再現した操艦は事故当時とは若干異なるものとなった」とある。「おおすみ」の艦長ほか 17 名を立会人としながら、ずいぶん情けない再現実験だった。

2.　2 月 25 日付「捜査状況報告書」

　両船の航跡を特定するために使用したデータは、海保所属の来島海峡海上保安センターから入手した「おおすみ」の AIS 記録と、「おおすみ」のレーダー指示器 OPA-6D の映像ファイルである。

「おおすみ」の航跡はこの AIS 記録で描くことができる。「自衛艦おおす

みが保存する同艦位置データも存在するが電波受信状態が悪い島影等では誤差が大きくなる等の特性があり、30秒毎の位置記録しか保存されていないこと」から海保は使用せず、来島海上保安センターのものを使ったという。

「おおすみ」が使用していたのはAIS用GPSとは別のGPSだというが、島の多い日本近海を、誤差の多い艦位置データを使って航行しているのか。「とびうお」の位置情報については、搭載していたGPSプロッター、携帯型GPS、乗船者が持っていたスマートフォンのどれも水没でデータが失われていたので、海保は「おおすみ」のレーダー映像と両船乗船者の供述から航跡を特定した。

「〔「おおすみ」のレーダー映像を〕精査したところ、奈佐美瀬戸をおおすみの右舷側を通航し、その後一旦レーダの探知限界内に消失するも、再度奈佐美瀬戸西口付近で、再びおおすみの左舷前方を南下し、更におおすみと並走するように航行する小型船舶の映像を認めた。」「自衛艦おおすみ、汽船とびうお乗船者の供述からも、おおすみレーダ映像で確認された小型船舶が汽船とびうおである蓋然性が非常に高いと認めた。／以上の状況から、自衛艦おおすみのAISデータによる航跡から、おおすみのレーダ映像で確認された汽船とびうおの位置をそれぞれの時刻で割出し、汽船とびうおの航跡と特定した。」「午前7時56分15秒以後の汽船とびうおと認める映像は、同おおすみとの距離が近いために探知不能となり、同時刻から衝突までの同船の航跡は特定できていない。」

　些末なことだが、同じものを海保文書は「レーダ」、海自文書は「レーダー」と表記しており、本書では原文通りに引用している。外来用語カタカナ表記末尾の長音符号を略すのはJIS（日本工業規格）での表記であり、略さないのは文化庁が作成した「外来語の表記」によるのだろう。海保は工学系、海自は文科系の表記を採用しているのか。

　さて、この海保文書によると、7時56分15秒以後に「おおすみ」のレーダーから「とびうお」と思われる映像が消えたのは「距離が近いため」、

つまり「おおすみ」レーダーのレンジが遠くを見るように設定されていたためと解釈できる。運輸安全委報告にあったように「海面反射に紛れて」いたため（4ページ）ではない。海自報告書でもこの点は「適切にレーダー調整を行っていなかったため、近距離の『とびうお』を探知することができなかった」（16ページ）と認めている。となると、「おおすみ」のレーダー監視に空白時間帯があり衝突直前の「とびうお」の航跡が不明なのは、自然現象によるやむを得ないことではなく、レーダー監視が適切でなかったことによる人為的なミスではないのか。

　この2月25日付海保文書は続けて「おおすみ」艦橋の音声記録から、衝突日時の特定をしている。

　非常に興味深いのは、音源が3つあったとされていることだ。「自衛艦おおすみには、艦橋内に左右舷各1台、艦橋作業台内に1台の計3台の監視カメラ及び3台のマイクで構成される艦橋音響等記録装置が設置されており」とある。作業台は艦橋の中央にあり、伝令はこれに面して立っているので、作業台のマイクは伝令の声を良く拾う。国賠訴訟で被告が開示した艦橋音声は左右のものだけで、雑音に紛れて聴取が難しかった。作業台のマイクからの音声が法廷に提出されなかったのは、隠蔽ではないのか。艦橋伝令が艦長・当直士官からの指示をいつどのように全艦に伝えたかは、とりわけ衝突直前の矢継ぎ早の指示に関しては、きわめて重要なことと思われるが。

　海保が艦橋音声記録を分析したところ、「午前8時00分台に／両舷停止／疑問信号／面舵一杯／汽笛の吹鳴（5回）／両舷後進／あたった？／両舷後進一杯／等の音声が確認された。」という。

　この「あたった？」が7時59分57秒であることと、「同時刻ころ汽船とびうおが自衛艦おおすみの艦橋からの死角に入り、衝突したものと認められることから、」海保は衝突時刻を「8時00分ころ」と特定した。また59分57秒の「おおすみ」の位置を衝突場所と特定した。

3. 3月25日付「音声解析報告書」

　7時20分00秒から衝突後の8時05分09秒まで、海上保安試験研究センターが解析したもので、きわめて鮮明に聞き取っている。2月25日付報告書のところで述べたように音源は3つあり、それぞれを「艦橋左舷の音声内容」「艦橋右舷の音声内容」「伝令の通話内容」と分けて記述した【図19】。

　「おおすみ」は要監視対象をABC順にフォネティック・コードで呼んでいるので、ゴルフ＝Gは出港後7番目の要監視対象かと思っていたのだが、違った。7時20分12秒にはエックスレイ（X）、22分40秒にヤンキー（Y）、24分04秒にズール（Z）が出て来て、それからアルファ（A）になる。衝突までにゴルフの次のホテル（H）も出現しているから、出航から

時刻（分:秒）	艦橋左舷の音声内容	艦橋右舷の音声内容	伝令の通話内容
58:50	両舷前進強速とする		両舷前進強速とする
58:52	ゴルフを先に行かせる		
58:53			了解、強速
59:13	はい、両舷前進原速	はい、両舷前進原速	
	前進原速		
59:15	もう前を行けると思ってるんだろな、怖いとな		
59:17	両舷前進原速とする		両舷前進原速とする
59:19			了解、原速
59:22			艦橋、2番
59:23	はい艦橋		はい艦橋
59:25			左50度同航の漁船、距離近づく
59:27	向こうは怖くないんかな		
59:29	了解、左50度同航の漁船、距離近づく	了解、左50度同航の漁船、距離近づく	了解
59:31	怖くないんでしょうね		
59:33		航海長、微速・・・・微速	
59:34	いつでもけれると・・・		
59:36	はい、両舷前進微速	はい、両舷前進微速	
59:39			艦橋2番
59:40	両舷停止	両舷停止、疑問信号ならせ	
59:41			両舷停止とする
59:42	面舵一杯	面舵一杯	
59:43	面舵一杯	面舵一杯	
59:43	汽笛吹鳴5声　（07:59:43から07:59:45、07:59:46から07:59:48、07:59:48から07:59:50、07:59:51から07:59:52、07:59:54から07:59:55）		
59:45			各部面舵回頭
59:51	はい、両・・・・・・	はい、両・・・・・・	
59:55	両舷後進・・・・・	両舷後進・・・・・	両舷後進微速とする
59:57			了解
		あたった？	
00:00	両舷停止	両舷停止	
00:02	両舷停止	両舷停止	両舷停止
00:03	両舷停止	両舷停止	

図19　「おおすみ」艦橋の音声記録（部分）。音源は3つあったが、裁判には左右の2つ分しか開示されていない。広島海上保安部が作成した音声解析報告書より

の 40 分間に 11 隻の要監視対象がいたわけだ。このような海上交通が輻輳する中を高速航行することに危険を感じなかったのだろうか。

　この中で「とびうお」を表す「ゴルフ」は 7 時 52 分 29 秒に「CIC 130 度 1000 の……目標を測的始め」、52 分 50 秒の「130 度 1000 の目標をゴルフとする」で初めて出現する。この前の 50 分 27 秒に艦長は降橋し、54 分 49 秒に戻った。当直士官は 52 分 59 秒に「CIC、ゴルフの的速知らせ」と聞いたが回答はなく、そのまま「おおすみ」は 180 度に回頭した。そして当直士官は再び 55 分 12 秒に「CIC へ、ゴルフの CPA 知らせ」と聞いたが、答がないうちに伝令が交代した。56 分 43 秒に当直士官は「ゴルフの的針知らせ」と 3 度目の質問をしたが、答はなかった。当直士官は 52 分 50 秒からずっと「とびうお」の動きが気になっていたが、レーダーでその針路・速度を確認することができなかった。

　防衛省報告書では、レーダー監視員は当直士官のいうゴルフと別の目標をゴルフとし、安全と判断したとされているが、「ゴルフに危険なし」という旨の音声記録はどこにも存在しない。

　なおこの音声記録によると、「おおすみ」は行き交う他の船にも「こちらを視認しているか」を確認しつつ航行している。7 時 23 分 36 秒「こちらを視認している」、34 分 42 秒「こちらを視認しているか」、39 分 12 秒「漁船こっち見てるか」。細かく舵を取ってもいるが、小型船の方で行く手を空けてくれることを期待する航行のように思える。

　音声記録の最後の部分には、「けつがあたったんか」「引き波でぶつけたんか」「面舵回頭でけつあたったんやろ」と、衝突原因を推定した発言者不明の音声もある。

4.　3 月 31 日付「両船の衝突に至る航跡特定報告書」

「おおすみ」のレーダーで「とびうお」が探知できなくなって以後の「とびうお」の航跡を、海保がどのように特定したのかがこの報告書だ。

　「おおすみ」の乗員 5 人の供述がある。しかし内容はすべて白抜きで分か

らない。この5人は艦長、航海長＝当直士官、船務長、輸送長、左見張員であって、すべて艦橋及び見張台からどう見えたかの証言だろう。甲板から衝突を見た3人の乗員や、阿多田島からの目撃者はここには登場しない。「とびうお」の7時45分ころの位置から衝突場所までの針路は201度であり、釣場の甲島沖への方向と一致する。このコースで平均速力16.3ノットでは衝突位置に至らない。しかし航海長の供述（内容は白抜きのため不明）から7時59分ころの「とびうお」の位置を認定すると、衝突位置までは300メートル。あとは約13ノットで航行したとして59分30秒ころの位置を認定した。結果、できあがった航跡図【図20】では「とびうお」は56分15秒から7時59分までは201度でまっすぐに進み、59秒でゆるやかに右転して衝突地点に至る。なぜ速度を落としたか、なぜ右転したかの説明はできない。「おおすみ」乗員供述の何がどのように使われたのかも分からない。「解明されている」最終地点と衝突箇所を結ぶために強引に「とびうお」右転説を取ったようにも思われる。

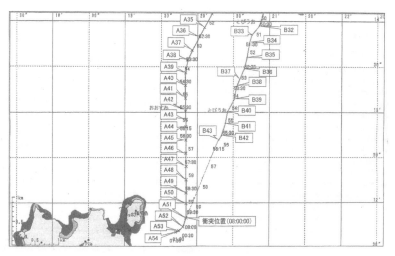

図20　広島海上保安部の作成した航跡図の一例。「とびうお」の針路を201度としている

197 度か 201 度か

　第 13 回口頭弁論は 2018 年 12 月 11 日、302 号法廷で行われた。

　このあたりから原告・被告とも主張が詳細にわたり理解するのも大変だ。裁判の進行中に原告からの請求により新しい文書が次々と開示され、これらを証拠提出したため、またこれらによって主張の一部を修正せざるを得なくなったために、複雑になったのだ。

　原告は広島地方検察庁から開示された諸文書も証拠として提出した。このうち 2014 年 4 月 24 日付の海上保安大学校教授らの鑑定書には、次のような記述がある。

　「一度離れた両船が再び衝突したのは、『おおすみ』の造る航走波による吸引作用だけでなく、『おおすみ』が右へ旋回したことによる艦尾の左舷方向への振出し（キック）が原因であると思料する。」

　「『おおすみ』が直進中に『とびうお』と最初の衝突をしたのであれば、両船が一度は離れていることから、衝突後も『おおすみ』が針路を保つ、あるいは『おおすみ』が左に転舵すれば、『とびうお』の転覆は避けられていた可能性が十分に考えられる。／また、『おおすみ』が右旋回中に『とびうお』と最初の衝突をしていたとしても、両船が一度は離れていることから、衝突時における『おおすみ』の旋回運動は十分に発達した状態であるとは言えないものと考える。」

　この鑑定書を根拠として、原告は第 12 準備書面で、「おおすみ」が左舵を切っていれば衝突は回避できた可能性が十分にある、「とびうお」は相互作用により「おおすみ」に吸い寄せられて接近した、と主張した。

　第 14 回口頭弁論はまた年が変わって 2019 年 2 月 26 日、302 号法廷で行われた。

　原告は広島海上保安部が 2014 年 2 月 13 日に行った「おおすみ」の運動試験の際の写真撮影報告書を証拠として提出した。一連の写真を見ると、

右転の際のキックの大きさに驚くが（本書7ページ【図3】）、艦の大きさに比して旋回能力の高さ（回転半径の小ささ）も注目される。

　原告は第13準備書面で、2014年3月31日付の司法警察員による「両船の衝突に至る航跡特定報告書」を引用しつつ、これまでの衝突・転覆の経過についての認定を一部修正し、次のように述べた。

「とびうおは針路201度を維持して進行中、08時00分わずか前、両艦船間の距離が60メートル強に接近したため相互作用により、とびうおがおおすみに吸引され第1回目の衝突が生じた」

「衝突後、一旦とびうおはおおすみおから離れたが、そのころおおすみは右旋回を始めており、おおすみの艦尾が左にキックし、とびうおはおおすみの艦尾に再び衝突して『舷側が左舷方向に押し出され、同船の水面下ではその反力として右舷方向への流体を受けることになり、これの偶力によって左舷側に転覆』するに至った。」

　同じ第13準備書面で原告は、「おおすみ」側の過失を次のように整理した。

・海上衝突予防法13条1項（追越し船）違反。

・予防法39条（船員の常務）違反。予防法39条は「船員の常務」がどのようなものか説明していないが、海難審判所ホームページにある解説によれば、「海上衝突予防法では，船舶の運航にあたって長い間に培われてきた、良き慣行である『グッドシーマンシップ』（普通の船員であれば、当然、知っているはずで、持ち合わせているはずの知識・経験・慣行）に基づいた、操船者の適切な判断に委ねられており、操船者が、その状況に応じて当然必要とされる注意を怠ったときには、責任を免れないとしています。」とある。

・そして最終段階で右キックを利用しなかった海技常識違反。

　この日にもう1点、原告が提出した第14準備書面は、キックについて詳細に述べた、その上で、本田啓之輔著『操船通論』、橋本進他著『操船の基礎』、岩井聡著『新訂操船論』、太田川茂樹著『2級小型船舶士学科試

験問題集』を引用し、「おおすみは、ボート免許を有する者でも知悉している海技常識とは真逆の操船（操舵）を行い（衝突に積極的に至る）、とびうおを転覆せしめたものであってその過失は重大である」と主張した。

「おおすみ」のキックを示す写真撮影報告書については、キックの実態を良く示す写真だが、この運動試験は両舷前進→両舷停止→両舷後進一杯→面舵一杯としたときの状況を撮影したものであり、本件事故時には面舵一杯は両舷後進の前に発令されているので、状況が異なると指摘した。

この日、被告は初めて証拠を1点、提出した。海上保安庁交通部航行安全課監修『図解　海上衝突予防法』の第17条、18条の部分だった。原告が開示された文書等を次々と証拠提出し、この日までに52点に及ぶのとは対照的だ。

被告は付図等を含めると27ページに及ぶ長文の第6準備書面でこれまでの主張を整理し、「とびうおが本件右転をしない限り、本件事故が発生することはあり得ないから、本件事故の原因は、とびうおが予防法39条が定める船員の常務として必要とされる注意等を怠って本件右転をしたことにあるというほかない」と結論した。

付図では、「被告がAIS及びレーダー情報に基づき、とびうおの航跡を推定しているのに対し、原告が客観的情報を無視し、恣意的にコースを逆算してとびうおが定針定針の状態で衝突したと主張していること」「おおすみ180度、201度で等針等速で進んだ場合の両船の概略相対関係」を図示した。

第15回口頭弁論は2019年5月7日16時から、304号法廷で行われた。

裁判長から原告に対し、「とびうお」の事故時の針路が197度であることを前提に追越し船の主張をしているが、201度の場合もそうか、書面で明らかにするよう指示があった。また、原告各自の相続等を立証する書類の提出を求める要請があった。

原告は第15準備書面で次のように述べた。

- 「追越し船」に当たるかどうかは両船の針路と速力から客観的に決まるので、追い越す意思があるかどうかには関係がない。
- 「おおすみ」の左転前は衝突の危険はなかったのだから、見かけ上「横切り関係」にあったとしても、左転で新たな衝突の危険を作ったのだから、「おおすみ」に避航義務がある。
- 被告は予防法17条2項が衝突回避の左転を禁じていると主張するが、間近に接近した場合についての規定は17条3項である。
- 被告は「おおすみ」艦長の供述から、「とびうお」が7時39分ごろ「おおすみ」の艦首50メートル付近を横切り追い越す「自殺行為ともいえるような行為」をしたことから衝突前の右転の可能性をいうが、艦長の位置から艦首50メートル先は見えるはずがない。

第16回口頭弁論は2019年7月2日14時から、304号法廷で行われた。
原告は第16準備書面で前回の裁判長の指示に応え、次のように述べた。「とびうお」の針路197度の主張は運輸安全委員会報告書に依拠するが、訴訟の途中で地方検察庁の資料を入手したため、新たに201度の場合についても主張した。「とびうお」は小型船で4、5度は左右しながら航行するので、201度だとしても「追越し船であると判断しなければならない」場合に該当する。

被告は第7準備書面で、つぎのように述べた。
- 海上保安庁の航跡特定報告書は、「とびうお」が201度のまま進行したのではなく、7時59分00秒に215度に変針したと認定している。方位・速度からして、相互作用による吸引効果が働く余地はない。
- 1回目の衝突が「おおすみ」の右転（キック）により生じたことを裏付ける客観的証拠はなく、2回目の衝突の結果は不可抗力によるもので、「おおすみ」に過失はない。

裁判長は、次回までに双方の主張整理メモをまとめると述べた。
報告集会ののち真相究明会の第4回総会が行われ、闘病中の栗栖さんの

代理でご子息、大利段司さんが出席、挨拶をされた。会の代表委員では、広島県労働組合総連合議長が八幡直美さんから神部秦さんに交代した。

　記念講演として「非核の呉港を考える会」の森芳郎さんが「『戦争法』のもとで変貌する呉基地と護衛艦『かが』の空母化」と題して講演をされた。横須賀に配備の「いずも」ばかりが報道されるが、「おおすみ」と同じく呉配備の「かが」も空母化されるのだ。

原告・栗栖さんの無念

　第17回口頭弁論は2019年9月10日10時30分から、304号法廷で行われた。

　口頭弁論に先だって8月22日付で裁判所より原告・被告の「主張整理メモ」が提出されていた。第1追越し船としての航法義務違反の有無、第2新たな衝突の危険を生じさせた船舶としての航法義務違反の有無（原告らの主張）、第3とびうおを転覆させないための航法義務違反の有無（原告らの主張）、の3点。原告・被告ともにこの整理の仕方を不満として、原告は第17回、被告は第18回の口頭弁論に意見書を提出した。

　原告は第17準備書面で、前回の被告の主張に次のように反論した。

・海上保安庁の航跡特定報告書は、7時59分00秒に「とびうお」が215度に変針したとは認定していない。

・2回目の衝突は「不可抗力」によるものではなく、「おおすみ」が海技常識に反し右舵を取った「必然の結果」である。

　原告はまた第18準備書面で、4人の原告の損害について述べ、相続を証明する戸籍謄本等の証拠を提出した。

　原告は裁判所の「主張整理メモ」に対して次のような意見書を提出した。主張を裁判所に正確に理解されるのがいかに難しいかが分かる。

・原告は「とびうお」の針路が197度でも201度でも「追越し船の航法」が適用になると主張した。「主張整理メモ」の「追越し船でなかっ

たとしても」の記載は不要。

・原告は「おおすみ」の面舵一杯は1回目の衝突の後でなく前と主張している。

・「おおすみ」は「とびうお」の前方約130メートルを通過する予定だったとしているが、艦首からの距離は約60メートル。

・「おおすみ」の事故1分前に「減速を開始」ではなく「減速の指示」をした。実際に減速は事故前15秒でもわずか0.1ノットにすぎない。

　原告は被告に対して、証人尋問の申請のため船務長等の住所氏名を明らかにするよう再度要請した。

　第18回口頭弁論は2019年11月12日13時15分から、302号法廷で行われた。

　被告は本文7ページにわたる「主張整理についての意見書」を提出したが、被告主張の裁判所のまとめについての異議と思われる記述はなかった。

　原告・被告ともに証人尋問申し出の予定についての証拠申出書を提出した。

　原告は、原告本人4人と、「おおすみ」の田中久行艦長、西岡秀徳航海長、氏名不詳の船務長、左見張員、レーダー監視員、甲板から衝突を目撃した3人の乗員、それに阿多田島から目撃した「船長C」の、計13人。

　被告は、艦長と航海長の2人のみ。船長Cについては「自衛隊は聴取を行っておらず、住所氏名も把握していない」という。

　この後、広島弁護士会を通じて、船長Cを雇用していた山口県周防大島の柏洋建設株式会社に照会したが、当人はすでに退職しており連絡が取れないとの回答だった。また東京弁護士会を通じて、船長Cから聴取をした運輸安全委員会に照会したが、「公表した事故等調査報告書以外の資料等は外部へ提出しておりません」との回答だった。

　じつは真相究明会も独自に「船長C探し」をしている。2017年11月19日に周防大島に出向き、柏洋建設の社長とは電話で話すことができた

が、「目撃者は私でなく社員で、その社員はもう退職した。この問題で話したくない。来てもらっては困る」と一方的に電話を切られたのだった。

2020年1月28日10時から、口頭弁論に先立つ進行協議で人証の採否（誰を証人として呼ぶか）が、裁判所、原告、被告の間で協議された。被告から、「おおすみ」の乗員は甲板から衝突を目撃したうちのひとりは退官しているが、他は現役で連絡が取れるとの報告があった。

続いて第19回口頭弁論が10時30分から302号法廷で行われた。

原告から「証拠申出書（補充）」「証拠意見に対する意見書」で、各人の証人尋問の必要性を述べた。

被告から「意見書」で、艦長・航海長以外の乗員と船長Cについては「証人尋問を実施する必要性が認められない」と主張した。

2020年3月24日。新型コロナ流行中のため空の便は減便となり、東京から出かけるのも予定変更をせざるを得なかった。客室乗務員はマスク・手袋姿で、空港もバスターミナルも観光客は少なかった。4月7日には緊急事態宣言が発令されたため、広島地方裁判所でもすべての期日が5月6日まで取消となったが、「おおすみ」裁判は発令前に間に合った。

13時30分から、口頭弁論に先立って第2回進行協議が行われ、船長Cの住所氏名について裁判所から職権で運輸安全委員会に調査嘱託をすることになった。次回5月19日の進行協議で具体的な尋問の順番、時間を決定する。

続いて14時から、第20回口頭弁論が304号法廷で行われた。新型コロナ流行中のため、3人がけの傍聴席にひとりずつ、計21人までというという着席制限があった。

被告から証拠申出書で、「おおすみ」船事長、左見張員、レーダー監視員の住所氏名が明らかにされた。船務長は青森県大湊基地で護衛艦「おおよど」艦長として勤務しているため、海上自衛隊大湊総監部での所在尋問

を希望した。また船長Cについて態度を変え、氏名不詳のまま被告も証人申請をした。

証人尋問は7月7日と7月21日に決まった。

事件発生から6年2カ月、裁判が始まって3年半。この国賠訴訟で開示された諸文書により事件の細部が次第に明らかになり、ようやく証人尋問の段階に達した。ところが、その「ようやく」のところで、「とびうお」の高森船長の伴侶で国賠訴訟原告の栗栖紘枝さんが4月7日に亡くなった。葬儀は近親者で済まされたという。ただただお悔やみを申し上げるほかはない。

栗栖さんへのインタビュー記事が「真相究明の運動の輪を広げてほしい」というタイトルで、海に働く人々の雑誌『羅針盤』に掲載されている（2017年11月10日発行、第23号）。一部を紹介しておきたい。

「事故直後は賠償金を見込んだと思われる、詐欺電話や偽情報に悩まされました。

落ち着いてからは、この3年間、夜になると毎日自然と涙が出てきて止まらないのです。つい前まで元気で、和歌山の浦島温泉や東北平泉の藤原氏を祀った中尊寺へ行こうなんて言っていた人が、急にいなくなるなんて今も信じられません。

検察は不起訴で、刑事裁判も行われない。このままでは、おおすみ側は一切おとがめなしで悔しい思いで一杯です。

それまで生活の苦労はなかったのですが、今はヘルパーで何とか身を立てています。厳しい面がありますが、何としても高森の無念を晴らしたいです。また、亡くなられた方の分まで裁判で頑張っていきたいと思っています。」

第 **6** 章

証人尋問を経て結審へ

ようやく証人尋問へ

　2020年5月19日に予定されていた第3回進行協議は、延期されて6月9日に行われた。ここで証人尋問に誰が出廷するか、またその日時について決定した。

　運輸安全委員会で事故調査報告書を作成した中心人物、小須田敏氏は、原告から証人申請をしたが、採用されなかった。同じく原告から証人申請をしていた水先人の柿山朗氏は採用された。

　阿多田島からの衝突事件目撃者で、同報告書で唯一の「とびうお」右転を証言できるはずの「船長C」は、原告・被告ともに証人申請をしていたが、裁判所は6月25日までに住所氏名が判明しない場合は証人としないことになった。

　裁判所から職権で運輸安全委員会に調査嘱託をしたものの、運輸安全委員会は4月13日付の回答で、「調査、口述の内容等は、本件事故の調査の目的以外に使用しないことを前提に、本件事故の関係者から提供された情報が含まれている」ので開示に「応じることはできません」と回答していた。国賠訴訟原告代理人からの行政文書開示請求に対しても6月9日付の行政文書不開示決定通知書で不開示と回答してきた。

　しかし「本件事故の関係者」である「おおすみ」側も「とびうお」側も、船長Cの住所氏名を知らないからこそ運輸安全委員会に尋ねているのだ。もし当該文書に船長Cの住所氏名以外の個人情報等が記載されているなら、その部分を黒塗りにすれば良い。運輸安全委員会は、船長Cの証言を「とびうお」右転の証拠としたことが、国賠訴訟で覆されるとまずいと判断したのだろうか。

　小須田氏と「船長C」の出廷が実現しないことにより、本書第2章で分析した運輸安全委員会の船舶事故調査報告書の問題点の数々は、当事者の証人尋問で追及されないことになった。

　進行協議で決定した証人尋問のスケジュールは、以下の通りだった。

7月7日

　田中久行（事故当時「おおすみ」艦長、以下同じ）10時から被告側40分、原告側60分

　西岡秀徳（航海長、当直士官）11時から被告側25分、昼休みをはさんで13時10分から被告側15分、原告側60分

　木村邦生（左見張員）14時30分から被告側15分、原告側10分

　木内隆善（レーダー監視員）15時から被告側10分、原告側10分

7月21日

　中村裕子（原告）10時から原告側5分、被告側10分

　折笠由加理（原告）10時15分から原告側5分、被告側10分

　寺岡章二（原告）10時40分から原告側10分、被告側20分

　石井裕之（船務長）13時10分から被告側15分、原告側30分

　柿山朗（水先人）14時から原告側30分、被告側15分

　2020年7月7日の第21回口頭弁論、続く7月21日の第22回口頭弁論で、証人尋問が行われた。両日とも傍聴はコロナ禍対応で間隔を空けての着席となり、真相究明会メンバーは交代しながらの傍聴となった。マスメディアの報道はなく『しんぶん赤旗』が概要を報道したのみだったので、全容を知る者はきわめて限られる。

　各証人は事前に陳述書を提出し、証人尋問の記録は裁判所が証人調書を作成した。以下、調書の速記録から主要部分を引用して記述し、適宜私の解説・感想を加える。時系列での記述では同じテーマでも異なる証人の証言が分散するので、主要なテーマごとに記述することにする。引用中の表記の不統一等は原文のまま。

役に立たなかったレーダー監視員

　福田恭平・被告側代理人「証人は、本件当日の午前7時52分頃、艦橋

伝令を通じてとびうおの測的を指示されましたね。」

木内隆善・レーダー監視員「はい。」

福田「ちなみに、1回の測的には通常どれぐらいの時間が掛かるものなんですか。」

木内「約3分かかります。」

福田「測的を行う方法なんですけれども、確認ですが、まず、レーダー上で目標を捕捉して、その位置に手作業で印を付けるプロットという作業をするんですか。」

木内「はい。」

福田「証人は、先ほどの測的の指示の後、本件事故までの間にとびうおをレーダー画面上で捕捉することはできましたか。」

木内「いえ、できませんでした。」

福田「その理由をまずは簡潔に教えてください。」

木内「海面の反射状況が強く、近い目標を捉えることができませんでした。」

福田「それで証人はどうしましたか。」

木内「同方位にある目標を、その目標等を確認して測的を始めました。」

福田「当時は、その同方向にある目標がとびうおだというふうな認識をしていたんですか。」

木内「はい。」

福田「ちなみに、レーダーで目標を測的できていなければ、目標に対応するための操艦はできないものなんですか。」

木内「いえ、目視など、あらゆる方法でできます。」

当直士官は艦橋からの目視だけでは不安なのでレーダー測的を指示して「とびうお」の正確な位置とCPA（最接近点）を正確に知りたかったのだろうが、これではレーダー監視員の任務放棄になってしまうのではないか。レーダー監視員のいるCIC（戦闘指揮所）からは外は見えない。

しかし当直士官は証言でレーダー監視員を庇った。

田川俊一・原告側代理人「CIC にとびうおを測的しろと指示しましたね。」

西岡秀徳・当直士官「はい。」

田川「CIC から何か返事があったんですか。」

西岡「CIC からは特にありません。」

田川「なぜもう一度念を押して、とびうおの測的をせよというふうに指示しなかったんですか。」

西岡「まず自分の目で見えておりましたので、目で判断できると考えました。また、1度だけではなく、もう一度 CIC には測的の指示をいたしました。」

田川「CIC はサボってたんかね、測的しなかったのは。」

西岡「いえ、サボっているわけではないと思います。」

田川「目で見てるから測的は必要でないと言うんであれば、レーダーは意味ないじゃないですか。」

西岡「誰も測的の必要がないとは言っておりません。」

田川「航行するについて、レーダーで目標物点の航行針路等を知ることは航行の安全上必要ではないですか。」

西岡「状況にもよると思います。そのときは、私は目で見て判断できると考えました。」

田川「それじゃ測的を指示しなくてもいいじゃないですか。」

西岡「それは、1つの手段として CIC に指示したということです。」

役に立たなかった見張員

7時57分04秒の当直士官からの指示と、57分18秒の報告について。

福田・被告側代理人「とびうお側がおおすみを視認しているかどうか確認するように当直士官から指示されたことはありましたか。」

木村邦生・左見張員「はい、あります。」

福田「どうやって確認しましたか。」

木村「見張り台にある 20 倍双眼鏡を使って確認しました。」

福田「見えた光景はどういう光景でしたか。」

木村「とびうおの操船者の輪郭がおおすみ側を、正面を向いていました。」

福田「その光景を見て証人はどう判断しましたか。」

木村「とびうおの操船者がおおすみを視認していると判断しました。」

福田「そして、そのとおりの結果を伝令を通じて当直士官に報告したと。」

木村「はい。」

黒田直行・原告側代理人「録音の記録によると、視認しているかと聞かれてから、あなたが了解、こちらを視認していると回答するまで 14 秒掛かっているんですけど、なぜそんなに掛かったんですか。」

木村「20 倍双眼鏡を使って確認する作業があったので、その時間が恐らく 14 秒だったと思います。」

黒田「20 倍の双眼鏡を用意するのに 10 秒とか掛かったということですか。」

木村「双眼鏡をそちらの方に向けて確認するまでの時間です。」

ウイングに装備された双眼鏡は台に固定されている。肉眼でも見えている目標に向けて確認するのにこれだけ手間取っていて、自衛艦の見張りが務まるのか。

次に、7 時 59 分 31 秒の当直士官への報告について。

福田「証人がおおすみから見て左 50 度の位置にとびうおが見えたという場面はありましたか。」

木村「はい。」

福田「そのときのとびうおの動静はどのように見えましたか。」

木村「とびうおの方位が徐々に上り、距離が近づいてくるように見えました。」

福田「とびうおが近づいてくるということなんですけれども、艦橋側に報告しましたか。」

木村「はい、しました。」

福田「報告の内容はどういう内容でしたか。」

木村「左50度、同航の漁船、距離近づくです。」

福田「同航とはどういう意味で使いましたか。」

木村「同航は、おおむね、針路がおおすみとほぼ同じであるという意味です。」

黒田・原告側代理人「漁船近づくという報告をされたときに、衝突のおそれは感じなかったんですか。」

木村「いや、それは感じてないです。」

「おおすみ」が180度、「とびうお」が約200度という両船の針路から、次第に近づくのは当然だった。

次に、左見張員が「とびうお」の右転を「視認した」ことについて。

福田「左50度からとびうおが近づいてくるという内容を報告した後も、証人はとびうおのほうを見ていましたね。」

木村「はい、見てました。」

福田「当時、海面の照り返しがあったかと思うんですけれども、見えましたかね。」

木村「はい、見えました。」

福田「とびうおの針路が変わったと判断されるような状況はありましたか。」

木村「はい、ありました。」

福田「どう変わりましたか。」

木村「とびうおが右転しておおすみのほうに近づいてきました。」

福田「どうして右転したと判断したのですか。」

木村「とびうおの右舷の見える面積が増えたからです。」

福田「とびうおが右転したと判断したと判断した頃の両船の距離はどの程度に見えましたか。」

木村「正確に測定したわけではないのでちょっと分からないんですが、100や200といった近い距離ではなかったと思います。」

福田「そのことは艦橋側に報告しましたか、右転してきたということを。」

木村「いえ、報告しませんでした。」

福田「それはどうしてですか。」

木村「当直士官自身がとびうおの右転にもう既に気付いているのと、あと、私が余計な報告をすることで艦橋の混乱を招くと判断したためです。」

福田「当直士官らがとびうおの右転に気付いていたと証人が判断したのは、どういった状況があったからですか。」

木村「とびうおが右転したときに、当直士官がとびうおのほうをもう既に見ていたと私が、それが左ウイングのほうから確認できました。それと、艦橋内がちょっとざわついている様子が見て取れましたので、そう判断しました。」

福田「右転の報告をすると混乱が生じるという趣旨の証言を先ほどされましたね。」

木村「はい。」

福田「具体的にはどういう判断ですか。」

木村「私が報告することで通信系統が一方通行になってしまうので、その緊急操艦の号令が当直士官のほうから流せなかったりとか、そういう事象が発生するのではないかと思いまして、そう判断しました。」

黒田・原告側代理人「船内の様子も見ていたんですか。」

木村「左ウイングという場所がすぐ、右斜め前方のほうに目を向けるとすぐ艦橋の中が見えますので、ちらっと確認すれば艦橋の中がすぐ確認できる場所なので。」

黒田「具体的にざわつくとはどういうことなんですか。」

木村「艦橋で勤務している人たちがとびうおのほうを見て、なんか、こう、話したりとか、そういう行動を見たからです。」

黒田「あなたは、そのとびうおの見える面積が増えて右転したように感じたということを、海上自衛隊の事故調査委員会の調査の際に申し出ましたか。」

木村「いや、記憶にないですね。多分、言ってはいると思いますが。」

黒田「あなたは、海上自衛隊の調査委員会と運輸安全委員会の調査報告書の内容で、あなたに関わる部分というのは読みましたか。」

木村「読んでないです。」

衝突前、「とびうお」は「おおすみ」の左前方にいた。従って「おおすみ」からは左見張員のいる左ウイングがいちばん良く見える場所だった。「とびうお」が右転して「おおすみ」のほうに向かってきたのを視認したなら、たいへん危険なことなので、なぜ遠慮せずにすぐに報告しなかったのか。自信を持って「漁船右転」と言えなかったからではないのか。重要なことを報告しないのでは、見張員の任務を果たしたとは言えないのではないか。左ウイングにある通信系統はウイング、艦橋伝令、CICをつなぐものなので、左見張員が報告しても艦内の全通信系統を遮断してしまうことはないだろう。

「右舷の見える面積が増えた」ことをもって「とびうお」右転と判断したのは、根拠として薄弱のように思える。またその時点で海面反射の影響がなかったという証言は、後述の艦長の証言とは異なり、海面反射のためレーダー監視ができなかったというレーダー監視員の証言とも異なる。

レーダーの時刻表示はなぜ遅れていたか

「おおすみ」のレーダー映像表示画面の左下にある時刻表示が1分あまり遅れていたことについて。運輸安全委報告書には「船務長……の口述によれば、本事故後、レーダーに表示される時刻が約1分6秒遅れていた」とある（4ページ）。海保文書では、2014年1月28日付「レーダ物標の位置に関する報告書」に、「レーダ画面に表示されている時刻については、事故当日の平成26年1月15日午後1時20分から同日午後5時45分までに行った実況見分の結果から、／1分3秒の遅れ／であることが判明している。」とある。海保は事故当日にすでに表示時刻の遅れを認識していた。

船務長の運輸安全委員会への報告と3秒違うのは微妙なところだ。

この点について、証人尋問での船務長の証言は以下のとおり。

田川・原告側代理人「あなたは、船務長として航海計器などの整備も担当しておりましたね。」

石井裕之・船務長「艦橋の航海計器、レーダーについては担当しておりました。」

田川「〔運輸安全委報告書には〕『レーダーに表示される時刻が約1分6秒遅れていた』……とありますが、これはこのとおりですか。」

石井「はい、このとおりですね。」

田川「1分6秒というのはどうやって特定したんですか。」

石井「海上保安庁から様々な記録の提出を求められまして、その中のレーダーの記録を確認しているときに、艦内の時計と時刻がずれていたのを確認したと記憶しております。」

田川「レーダーという大切な記録ですが、これを1分6秒も違ったままずっと放置しておったんですか。」

石井「レーダーの画面の時刻は整合できていたと記憶してます。中の記録を取る、レーダーの中の、そのパソコンの中の時刻ですよね、時計の整合ができていなかったと思います。」

田川「これで航海への支障はないんですか。」

石井「航海するのはレーダーの画面の時刻を見ているので、支障はないと考えております。」

田川「〔海保の報告書には〕実況見分の結果から、1分3秒の遅れがあるというふうに特定したと書いてあるんです。これ、1分6秒と1分3秒では3秒の違いがあるんですが、これはどう思いますか。」

石井「その1分3秒が、何の事実資料なのかちょっと分からないので、何とも答えようがありません。」

船務長は、記録用パソコンの時刻がずれていたがレーダー画面の時刻表示は正しかったと証言した。しかし海保はレーダー画面表示自体がずれて

いたと書いている。船務長の記憶とは異なり、レーダー画面の時刻表示が
ずれたまま「おおすみ」は運航していたと思われる。

　被告側が裁判に提出した OPA-3E レーダーの取扱説明書には、「時計は、
電源を切っても動作している。従って、この時計設定は装備時に一度行う
だけでふだんは行う必要はない。しかしながら時計に大きく誤差が生じた
場合には、この設定を行う必要がある。（4-45 ページ）」とある。「おおすみ」
では1分程度のずれは誤差のうちには入らないようだ。

衝突回避行動は適切だったか

　艦橋で「おおすみ」の操艦指揮を執っていた当直士官は、7時58分48
秒に第1戦速（変速標準表では18ノット、入渠前のため実際には17.4ノット）
から強速へと速力を落とす指示をした。以後は艦長自身が操艦の指揮を執
り、衝突まで約1分の間に、原速へ、さらに微速へと減速し、警告の汽笛
を鳴らし、面舵一杯をとるという、矢継ぎ早の指示をした。この間の対処
について。

　福田・原告側代理人「継続して方位が上っており、どういう形で漁船が
通過することになるのかというとこはどのように判断しましたか。」

　西岡・当直士官「とびうおがおおすみの艦首側を左舷から右舷に横切っ
ていくというふうに判断しました。」

　福田「証人としてはとびうおに関してどのような対応をとりましたか。」

　西岡「より安全にかわすために速力を減速いたしました。」

　福田「減速の種類としては、強速ですか。」

　西岡「はい。」

　福田「この1回目の減速の後、田中艦長から何か指示はありましたか。」

　西岡「はい、原速の指示がありました。」

　福田「午前7時59分頃以降の本件発生に至るまでのとびうおの動きな
どについてお伺いします。先ほど証言された2回目の減速の指示の後、と

びうおに関して、伝令を通じて、見張員から何か証人は報告を受けました
か。」

　西岡「はい。左の漁船距離近づくだったと思いますが、報告がありました。」

　福田「その見張り員の報告の後も、証人はとびうおの動きは見てました。」

　西岡「はい、見ておりました。」

　福田「とびうおの動静はどうでしたか。」

　西岡「船影がちょっと大きく見え、こっちに向かってきている、艦首側
に向かって近づいているように見えました。」

　福田「その頃なんですけれども、田中艦長から何か指示がありましたか。」

　西岡「更に減速の指示があったと思います。」

　田川・原告側代理人「今回衝突前、途中まではあなたの判断で操艦の号
令・指令を出されていて、で、途中から艦長さんのほうに替わられている
と思うんですけれども、それはなぜなんですかね。」

　西岡「艦長が自ら操艦を取られたのは、とびうおが右に右転し、その後
からだと思いますので、そこで艦長は衝突のおそれ、若しくは危険を感じ
て私から操艦を取ったのだと考えております。」

　海上交通の輻輳する瀬戸内海でも、とくに指定された海域以外では速度
制限はない。しかし「おおすみ」がずっと通常航海用の原速（12ノット）
で航行していれば、衝突回避はもっと容易だったのではないか。定期点検
に向かうための航海なのだから、急ぐ必要はない。衝突前1分を切ってか
ら艦長が直接操艦の指揮を執ったのは、衝突回避行動が不十分で、もう当
直士官に任せてはおけないという危機感を強く持ったからではないか。

　面舵一杯を取ると船は右に曲がるが、このとき船尾は左に振れる。キッ
クという現象だ。これを利用して障害物を避ける航法もある。「おおすみ」
は面舵一杯をとった結果、艦尾の振れで「とびうお」を転覆させたのでは
ないか。

　田川・原告側代理人「小型船では余りないんですが、大型船になるとキッ
クという作用が生じますけれども、キックとは一言で言うとどういうこと

なんでしょうか。」

柿山朗・水先人「転舵する側と反対側に船全体が押し流されながら、か つ、左に舵を切った場合ですね、船首が左を向き、それから、船尾が右転 する、右を向く、そういう現象です。この場合、回転の中心を転心といい ます。英語でピボットといいます。」

田川「それは重心とは違うんですか。」

柿山「重心は基本的に船の中心にあります。ところが、転心は、前進航 海中、本船の船首方向、前のほうにあります。したがって、船が回頭する ときには、船首側の移動量より、変更量よりも船尾のほうが大きくなると、 そういうことになります。前のほうを中心に回頭するわけですから。そう いうことを利用することをキックといいます。」

キックについて艦長を追及した。

田川・「なぜ艦尾付近で転覆したんでしょう。」

田中・艦長「とびうおが左舷側の中央やや後ろ付近から、ずるずるっと こすり合っていった衝撃でひっくり返ったんだと思います。」

田川「おおすみの左舷艦尾が左に寄ったんではないですか。」

田中「左に寄ったのかもしれませんし、とびうおが右舷側にずっと押し 込んできたのかもしれません。」

田川「キックという現象は御存じですか。」

田中「知ってます。」

田川「それによったものではないですか。」

田中「それによったものかもしれませんけれども、とびうおの停止した ときの惰力の影響もあるというふうには思っています。」

田川「左船首、障害物がある、あるいは人が落ちた、こういう場合は舵 は右に切るんですか、左に切るんですか。キックを利用とすれば、どうす るのが正しいんですか。」

田中「キックを利用する場合は、転心をかわってから左に取ります。」

田川「転心。」

田中「転心というのは、船が回頭するときの軌跡を描く船の中心です。だから、おおすみで言えば艦橋付近が転心になります。ただ、とびうおは、おおすみの左前方から近づいてきて、左45度ぐらいのところで死角に入りました。だから、私から見ると、常に転心よりも前方にあった時点で左に取るというのはあり得ません。」

田川「例えば、神戸大学の教授が書いておる操船の理論と実際に、キックの意義というものを書いてあるです。それから、呉海上保安大学校の教授も、キックを利用するには左に取らなきゃおかしい。」

田中「商船のブリッジから見ると左前方でも転心をかわっているので左に取ることはあり得ます。だけども、自衛艦の場合は、大体転心の位置にブリッジがありますので、ブリッジの横に目標が通過して左に取ると。そうじゃないと、船首が目標のほうに寄っていきます。特に自衛艦の場合は舵効きが非常にいいので、転心より前に左前方に目標があったときに左に取ると、そっちのほうに向かってしまいます。」

海上保安庁は2014年2月13日に「おおすみ」に事故当時の航跡をたどらせて実況見分をした。このとき「おおすみ」は面舵一杯の実動実験はしたが、取舵一杯の実動実験はしていないし、転心位置の確認もしていない。「おおすみ」は艦橋が右に寄っている特殊な構造の大型艦だ。艦長の証言の正当性については分からない。

衝突の危険をいつ感じたか

「おおすみ」の艦橋音声記録には、7時59分03秒に発言者不明の「避けられん」、59分17秒に船務長の「このまま行けると思ってるんだろうな、怖いよな」、59分31秒に前述の左見張員の「左50度同航の漁船、距離近づく」とある。この間、59分59分13秒に艦長は2度目の減速を指示していた。

「避けられん」について。

　田川・原告側代理人「避けられんという発言があることが記録されているんですが、これを聞いたら、当直者はどう思いますか。」

　柿山・水先人「いよいよもう切羽詰まった本当の非常時というか、衝突寸前の状態であろうと、そういうふうに推測します。」

　柿山氏は原告側から証人申請をした者だが、「おおすみ」側はずいぶん感覚が違う。

　田川・「避けられんという発言があるんですよね。御存じですか。」

　田中久行・艦長「それは、私は、覚えがありません。」

　田川「それ見た人が、誰かが、艦橋内で、漁船通るのを危ないぞと思ったことなんでしょうね。」

　田中「それは分かりません。何をもって避けられんと言ったのか、船の話なのか、あるいは、それ以外の作業の話なのかは全く分かりません。」

　田川「避けられんという話を、漁船以外の関係で言う環境にあるんですか。」

　田中「それは、話をするのは自由です。」

　小型船の接近で緊張している艦橋内で、雑談ができたのだろうか。

　次に「怖いよな」発言について、発言者の船務長はどういうつもりだったのか。

　福田・被告側代理人「2回目の減速指示の後、とびうおに対して証人が何か発言をしたことはありましたか。」

　石井・船務長「はい、発言しております。」

　福田「どんなことを言いましたか。」

　石井「このまま行けると思ってるんだろうなという発言をしています。」

　福田「この発言はどういう意味ですか。」

　石井「大きな船の艦首を横切る、平気で横切るという意味で、怖いという発言をしております。」

　福田「この時点で証人はとびうおが危険だとは感じていましたか。」

　石井「この時点では危険は感じておりません。」

福田「そうすると、正面衝突する・しないで言うと、どう考えていましたか。」

石井「この時点では、とびうおはもともと方位が上っており、おおすみは、そのまま行っても艦首をかえると思ってました。で、おおすみは速力を落としましたので、あとは離れていく一方なので、危険はないと感じておりました。」

福田「今のお聞きしている発言については、証人は、どのようなニュアンスでおっしゃったのか、ちょっとそこを教えていただけますか。」

石井「速力を落としたところで、まあ、安全だということで、冗談めいた感じで言っております。」

冗談が言える状況だったのだろうか。では艦長のほうはどうか。

田川「『このまま行けると思ってるんだろうな、怖いよなあ。』という発言、船務長が言っておるんですが、それは聞きましたか。」

田中「それは聞いてます。」

田川「これは、どういうふうに理解しましたか。」

田中「多分、船務長も横切り関係だというふうに思っていたと思うんですけれども、とびうおが全く針路・速力を変えることなく平気でおおすみの前方を横切ることについて、その危機意識・危険意識がない船だなという意味で、怖いよなというふうに言ったというふうに理解しました。」

田川「横切り関係で、方位の変化は僅かで、このまま行けると思ってんだろうなと併せて考えると、衝突のおそれが現実に存在したことを意味しませんか。」

田中「それは船務長が考えたことであって、私には船務長がそれを考えていたかどうかは分かりません。」

田川「怖いよなという発言があるんですよ。」

田中「船務長がそういうふうに考えたのであって、私はこのまま安全に、とびうおがそのまま針路・速力を変えずに行ってくれれば、おおすみは少なくとも速力を落としておりますので、安全にかわっていくものだという

ふうに考えていました。」

「避けられん」も「怖いよな」も衝突の危険を感じてのものではないという証言だった。

右転を誰もはっきり証言できない

左見張員が右転と判断したのは「とびうおの右舷の見える範囲が増えたから」と証言したことは前述した。他の「おおすみ」側証人はどうか。

艦長は陳述書には「とびうお」右転を目撃したとは書いていない。証言では、いったん右転を目撃と言い、のち急接近を見たと言い換えた。

田川・原告側代理人「右転したところ、あなた、目撃してるんですか。」

田中・艦長「目撃してます。」

田川「いつ目撃したんですか。」

田中「59分30秒ぐらいです。」

田川「どこに書いてあるんですか。」

田中「書いてはないです。」

田川「とびうおが右転したところを目撃しているんですか。」

田中「ずっと私はとびうおを見てましたので。とびうおが、とにかく、おおすみ側に急に接近してきたのを見てます。」

田川「急に右転したというのは目撃しているんですか。」

田中「急に接近したのを目撃しています。」

田川「いや、右転したことです。」

田中「急に接近したのを見ています。」

黒田・原告側代理人「微速の指示を出したのが59分38秒ということなんですけれども、そうすると、何秒ぐらい右転したのを認識してから指示を出したんですか。」

田中「何秒って言われてもちょっと分かりませんけども、数秒見てということだと思います。」

黒田「急速に右に曲がったということであればすぐに分かるんじゃないんですか。」

田中「曲がってる途中は分かりませんし、曲がってからこちらに来るそのレートですね。1点だけ見てもこっちに来たというのは分かりません。1点、2点、3点見て、」ああやっぱりこっちに来てるっていうのが分かるんだと思います。」

松村房弘・原告側代理人「太陽で海面がぎらぎら光って、反射して見えにくいということはよくあることですけれども、そういうこともなかったということですか。」

田中「変針直後はそういうことがありました。変針直後はありましたけども、最終的に、さっき言ったように、汽笛を鳴らして死角に入る状態のときには船体の角度がよく見えました。それまで、とびうおが衝突の30秒くらい前にこちらに急速に向いたときからの方位変化というのはほとんどありませんでしたので、その時点で変針してきたんだろうというふうに思います。」

松村「右転する前と右転した後ってありますよね。」

田中「はい。」

松村「更に言うならば、その真ん中の右転しているときということと、3つに分けることはできるかと思いますが、仮にそのように3つに分けた場合、その3つともはっきり見えたんですか。」

田中「船の体勢というのははっきりは見えてません。私は、相対的な方位変化のレートで見てました。」

松村「レートというのはちょっと意味が分からないんですけど。」

田中「要するに、方位変化のですね、方位と相対的な距離の関係を、どんなんかなというふうに見てました。で、それまでと変わらないようにずっと、僅かに上っていたものが急に、方位は替わらず距離が接近しているというふうに判断したと、そういう形で見てました。」

松村「そうすると、とびうおの船体が見えなかったけれども、今証人が

おっしゃった、そのレートというんですか、相対的なもの、それによって
とびうおが右転したというふうに判断したと。」

田中「はい、そういうことです。」

佐々木裁判官「7時59分頃のとびうおが近づいてくるのが分かったと
いうところの状況をお聞きしたいんですけれども、先ほど、レートを見て
分かったというような趣旨のことをおっしゃられたかなというふうに思っ
たんですけれども、レートというのはレーダーのようなものですか。」

田中「いや、要するに、変化率ということです。相対的な位置関係の変
化率を自分で感じたということです。」

佐々木「それは肉眼で感じたということですか。」

田中「はい。」

佐々木「で、近づいてくるのを見たということだと思うんですけれども、
それは、先ほど被告のほうからも聞かれておりましたけれども、船首が右
側に向かってこちらに近づいてきているのを見たと、そういう趣旨ではな
くて、そこまでは分からなかったということでいいんですかね。」

田中「変針直後はですね。はい、直後はそういうことです。」

当直士官はどうか。

田川「同航の漁船距離近づくという報告がありましたね。」

西岡「はい。」

田川「これはどう考えましたか。」

西岡「とびうおがこれまでと違う間隔でおおすみに近づいてるのかとそ
のときは判断しました。」

田川「とびうおが向きを変えたなんてここ書いてないじゃないですか。
報告してないじゃないですか。」

西岡「とびうおの向きが変わったかどうかというのは、その見張りの報
告ではありませんでしたが、その後に自分で確認をしました。」

田川「ほしたら。」

西岡「とびうおの向きが若干おおすみの艦首側に向いてるのを確認しま

した。」

田川「右転したとおっしゃるんならば、どの時点で右転したんですか。あなたは右転するときを見てましたか。」

西岡「はい。どの段階か、タイミングかという細部はわかりませんが、見張りから報告があった後、再度確認したときに、若干こちらを向いているというふうに思ったので、その時点で右転したと考えました。」

船務長はどうか。

福田「怖いよなといった内容の発言の後はどうでしょうか。」

石井「その後に急にとびうおの距離が近づいたように感じました。」

福田「急に距離が近くなったように見えて、証人はそのときどう思いましたか。」

石井「危険だと感じました。」

福田「とびうおが右転してきたか否かという判断までその時点でできましたか。」

石井「右転したかどうかを確認できておりません。」

福田「怖いよななどといった発言があった7時59分17秒から7時59分38秒までの間にとびうおの距離が縮まったように見えた瞬間があったと、こう考えてよろしいでしょうか。」

石井「はい。」

福田「とびうおが死角に入って見えなくなる直前の場面で、その頃、証人は、とびうおの針路が変わっていたかどうかについてはどう思っていましたか。」

石井「結果的には変わっていたと思います。」

田川「とびうおが右転したのは、あなたは目撃したんですか。」

石井「明確に右転したところは目撃できていませんが、結果から見ると、間違いなく右転したと判断してます。」

田川「右に曲がるところがあなたの目に入ったはずではないですか、見ておれば。」

石井「私は、操艦者ではなかったので、双眼鏡を持っていませんでした。500ヤード、600ヤード先の、まあ、自動車ぐらいの大きさの漁船が、まあ、右を向いているのは分かりました。で、それは、右を向いたまま針路を変えても、その針路変化というのは肉眼では明確に判断するのは無理だと思います。」

裁判長「衝突の前にとびうおが右転をしてきたんじゃないかというふうに、当時は直接は見ておられなかったんだけれども、後から考えてそう思うということでしょうか。」

石井「はい。」

艦橋から「とびうお」の動静を見ていた艦長、当直士官、船務長の誰も、明確に「とびうお」の右転しているところを見たとは証言できなかった。

海技の専門家としての柿山証言

原告側からの証人4人のうち折笠由加理さんは、居住する福島から広島まで出向いていたが、体調を崩し法廷に立つことができなかった。中村裕子さんは「とびうお」に乗っていた大竹宏治さんの正当な継承者であることを証言した。

柿山朗さんは一級海技士（航海）の資格を持ち、元海技大学校の客員教授であり、現役の水先人だ。先にキックについての証言について記したが、他にも船の針路・速力の判定について、海上衝突予防法における「衝突のおそれ」の意義についても証言した。

針路・速力の判定について。

田川・原告側代理人「針路と速力はどうやって判定するんでしょうか。」

柿山「通常、現在の船では、AIS、GPS、レーダー等を持っておりますので、自動的にそれは知ることができます。」

田川「それらがない船では、どうやって針路・速力を判定するんですか。」

柿山「AISとかそういう機器を持たない船については、一定の間隔を置

いて紙の上に位置を記して、その点と点を結んで、それを延長して推測すると、そういうことでやるしか方法はないと思います。」

田川「先ほど紙と言いましたが、これは、普通、海図ですね。」

柿山「海図です。」

田川「どの程度の間隔を取ればよろしいんでしょうか。」

柿山「余り短過ぎては都合が悪いと思うので、できれば15分とか30分間隔が望ましいと思います。」

田川「小型船などではどういう点を留意しなきゃいけませんか。」

柿山「小型船は、やはり、針路安定性が悪い、軽いために、船首・船尾が振られやすい、片舷4度とか5度とか、そのぐらいふらふらするのはあり得ることだと思います、風・波についてですね。それから、スピードについても、針路と同じように外力の影響を受けやすいと思います。」

すると、衝突前の「とびうお」の針路・速力を、AISとレーダーの5分間の情報から判定した運輸安全委員会の報告書は、信頼性が危ぶまれることになる。

「衝突のおそれ」について。

田川「07時56分、衝突の4分くらい前ですけども、29秒に、『G』、これはとびうおのことですが、「上っている。」、それから、56分30秒『わずかに上るな。』、これは船務長、57分40秒、艦長が『方位はどうだ。』と聞いたところ、当直士官が『方位はわずかに上っています。』、こういうふうに答えております。衝突4分から3分ぐらい前の間のことですが、これは艦橋にある音響記録装置から再現したものですけども、それを聞いてどのように考えますか。」

柿山「その僅かとか、それは、衝突予防法で言う、自船のコンパス方位によって明確な変化、それには該当しないと思います。したがって、これは、少し上るとか、僅かに上るとか、そういうことでは、やはり、これは衝突のおそれがあると、そう考えます。明確な変化ではないと思っております。」

田川「方位が上がり続けているからこれに該当しないという考えもあるようですが、そういうことは言えるんですか。」

柿山「上る傾向とか、上り続けているから、それで衝突のおそれを判断するとか、それはないと思います。飽くまでも、その時々の方位の変化を見るわけですから、継続的に、ずっと前もそうだった、同じことが続いたから、それで衝突のおそれがないと、そういう判断にはならないと思います。」

福田・被告側代理人「海上衝突予防法の書籍、条文の解説本を見ても、証人がおっしゃられる僅かな変化は明確な変化ではないということが書いてあるのが見付かりませんでした。御存じですか。」

柿山「そうですね。ただ、明確な変化といえば僅かな変化ではないだろうと思います。」

福田「海上衝突予防法7条の4項のコンパス方位に明確な変化が認められない場合は常に衝突のおそれがあるということになるんでしょうか。」

柿山「はい。」

福田「7条4項は、判断しなければならないと書いてあるだけで、衝突のおそれがあると、あるいは、推定するということは書いてないんですけど、そのようにお考えなんですね。」

柿山「衝突のおそれがあるかどうかを確かめることができない場合はという前提がありますので、その場合は、衝突のおそれがあると判断しなければならないという条文なので、条文どおり読めば、非常に、白黒付け難いときには、それはもう衝突のおそれがあるものだと、そういうふうに条文はなっているんだと思います。」

迫真の寺岡証言

衝突の状況について。寺岡さんは「とびうお」の甲板に置いたクーラーボックスに、後方を向いて座っていたので、「おおすみ」が接近してくる

のが良く見えていた。

　松村・原告側代理人「おおすみの汽笛を聞きましたか。」

　寺岡「汽笛を鳴らしたのが五、六メートル手前、船にもうぶつかりそうなぐらい、五、六メーター手前で警笛を初めて鳴らしたんですよ。」

　松村「とびうおが前に走ってて、五、六メーター後ろにおおすみがいたと、そういうことですか。」

　寺岡「そうそうそう。」

　松村「その後とびうおとおおすみはどうなりましたか。」

　寺岡「おおすみが私らの船の斜めから前に出ていったんですよ。」

　松村「その後どうなりましたか。」

　寺岡「そのままひょっとしたらぶつからんとまっすぐ行くんじゃないかね思いよったんですよ。ちょっと間隔がこう、擦れ違うときちょっと2メートルぐらい空いてましたから、前が。ほじゃけん、そのままひょっとしたらまっすぐ行くんじゃないか、当たらんと行くんじゃないか思うたら、おおすみが右に旋回し出したんですよ。ほんで、おおすみの真ん中ら辺と、ほんで、とびうおの真ん中辺がこう平行になって、こう擦り出したんですよ。擦って、ほんで、今度はおおすみ、右へ切っとるもんじゃけん、私らの船がおおすみの後ろのとこにがあっと寄せり出したんですよ。ほんで、わしらの船がこう浮き上がるような感じで、ほんで、私らの船が、ああ、これは、私は転覆する思うて、で、飛び込んで。」

　松村「おおすみが右旋回をしてこなかったらばどうなってたと思いますか。」

　寺岡「多分前がちょっと当たったりするぐらいで、転覆することはなかったと思います。ただ、前のほうがちょっとががっと当たったりするかもわからんけど、転覆することはなかった思います。」

「おおすみ」が面舵一杯を取ったため、艦尾のキックで「とびうお」が転覆したことを、リアルに証言している。

　瀕死の体験について。

松村「転覆した後、あなたはどうなりましたか。」

寺岡「ほじゃけえ、とびうおの真下に入り込んで、ほんで、もう死ぬか思うたですよね、そんときは。必死にもう泳いでから、どうにか泳いでから、ほんで、浮き上がって。ほんなら、ちょうどとびうおの、なんか甲板、こうやって水が流れるようなとこ、ちょっとこまいような穴があったんですよ。そこへこうつかまって、私はそこでずっと耐えとったんですがね。」

松村「どのくらいの時間がたってからですか、救助されたのは。」

寺岡「多分ね、十何分ぐらいたっとったと思いますよ、来たのがね。」

松村「そうすると、当時は冬ですね。」

寺岡「冬です。寒かったですよ。」

「とびうお」の右転について。

松村「国のほうは、衝突した原因が、とびうおが右転した、つまり右に舵を切っておおすみのほうに突っ込んできたというふうに言ってるんですが、それについてはあなたの認識はどうですか。」

寺岡「全然そんなことはないです。」

松村「全くない。」

寺岡「絶対ないです。」

松村「100パーセントない。」

寺岡「ええ、ないです。」

最終陳述

　第23回口頭弁論は2020年11月10日に304法廷で行われた。コロナ対策のため今回も傍聴席は約20と少ない。今回から原告は亡くなった栗栖さんの承継人として子息の大利段司さんを立てた。被告側は第8、第9準備書面を、原告側は第19準備書面を提出した。これを最終陳述として、裁判は結審となることが予定されていた。

　被告第8準備書面は、原告第16、第17準備書面への反論であるとともに、

原告側柿山証言に対する疑義を述べ、本文27ページに付図が加わる長文だった。内容を要約すると、

1　はじめに

2　「おおすみ」は追越し船に当たらない

3　「とびうお」が右転しなければ衝突しない

4　相互作用（吸引作用）により衝突が生じたのではない

5　「おおすみ」が左転によるキックを利用しても衝突は不可避だった

6　柿山証人は専門家としての能力と公平性に疑義がある

というものだった。

　被告側第9準備書面は最終陳述に当たるもので、

・「おおすみ」に追越し船の航法義務違反はなかった

・「おおすみ」は「新たな衝突の危険」を発生させたことはなく、事故は「とびうお」の右転が原因

・「おおすみ」に「とびうお」を転覆させない義務違反はなかった

という主張になっている。この中では問題の「船長Ｃ」の供述を援用し、また「とびうお」が右転が不自然でない根拠に「自衛艦（軍艦）の艦首を横切ると大漁になるという言い伝えもあった」などと述べている。軍艦の前を横切ると大漁、などという戦前の俗説は、戦後半世紀余を経た「あたご事件」に関して一部のネット上の匿名の書き込みで騒がれたが、さすがに法廷に持ち出されることはなかった。今回は国の代理人が堂々と書面で提出するに至った。

　原告側から田川弁護士が、栗栖さんへの哀悼の辞を述べ、本件衝突の原因は「おおすみ」にあるという、第19準備書面の要点を陳述した。

1　追越し船である「おおすみ」が避航動作を取らなかった

2　「おおすみ」が新たな衝突の危険を発生させた

3　追越し船の航法が適用とならない場合は横切り船の航法が適用となり、この場合は第一の衝突原因は「とびうお」が主因となり、「おおすみ」が保持船で一因となる

4　どの場合でも「とびうお」が転覆した原因は「おおすみ」のキック
　にある

原告側の松村弁護士から、原告主張の確認として、「おおすみ」の警告
信号吹鳴が遅きに失したことは以前から主張していたが、争点整理後の新
たな過失の主張となる、との陳述があった。被告側はこの点についての反
論を書面で提出することになった。このため、この日で裁判は結審となら
ず、次回2021年1月19日に持ち越した。

第25回口頭弁論は2021年1月19日、305法廷で行われた。

被告は第10準備書面を提出した。この中で、前回原告が横切り船の航
法が適用となる場合についても主張したことに対して、「各主張の間で矛
盾がある」と指摘した。また海上衝突予防法34条5項の警告信号吹鳴に
ついての主張は以下の通り。

・7時56分頃の時点では「衝突のおそれ」は生じていない。「他の船舶
　が衝突を避けるために十分な動作をとっていることについて疑い」も
　生じていない。

・「おおすみ」の警告信号は遅滞なく吹鳴されている。

原告は第20準備書面で、これまでの段階的主張について簡潔に整理した。

1　「おおすみ」は追越し船（海上衝突予防法13条）

2　追越し船の航法が適用が認められなくても、「おおすみ」の変針が新
　たに衝突の危険を作出したので、「おおすみ」に避航義務がある（同
　法39条）

3　横切り船の航法が適用されても、「おおすみ」には警告信号吹鳴義務
　があり（同法34条5項）、最善の協力動作義務がある（同法17条3項）

4　「とびうお」転覆の原因は「おおすみ」が面舵一杯を取ったことによ
　るキック

双方が主張を尽くしたことで、裁判は結審となった。

判決は3月23日（火）13時30分と決まった。2016年5月25日の提訴

以来、4年8か月、口頭弁論25回に及ぶ裁判の結論が出る。事件の犠牲者に良い報告のできる判決を期待したい。

公正な判決を求めます

「おおすみ事件」国家賠償請求訴訟は、衝突原因を「とびうお」の直前の右転とし、「おおすみ」にお咎めなしとした、運輸安全委員会と検察の「結論」を覆すために始まった。

問題点は初めから明らかだったと思われる。

NHK解説委員は、事故の2日後に次のように語っていた。

「釣り船の男性は『衝突直前まで汽笛は鳴らなかった』、『「おおすみ」がすぐ後ろまで接近していたことに気づいていたのは後ろ向きに座っていた自分だけで、船長は気付いていなかったのではないか』と話しています。これが事実なら、『おおすみ』がもっと早く警笛を鳴らしていれば、釣り船も早く回避行動をとっていたかもしれません。」

「双方に事故回避の義務があるとはいえ、大きな船は進路を変えたり、速度を変えたりするのに時間がかかります。ですから、大きい船がいち早く危険を察知して、警告をすることが求められると思います。」

運輸安全委員会は、「おおすみ」の運航について次のように書いていた。

「より早い段階での減速、より大幅な減速を行うなど、海上自衛隊通知文書に基づき、小型船との接近に対応し得る余裕のある航行をするか、航行指針に基づき、衝突予防の見地から注意喚起信号を活用していれば、本事故の発生を回避できた可能性があると考えられる。」

やはり、これらの指摘通りだった。

もちろん、「とびうお」の側にも見張り不十分の落ち度はあっただろう。しかし衝突事故の責任を一方的に「とびうお」側にだけ負わせ、「おおすみ」側に何の落ち度もなかったとするのは、どう考えても納得がいかない。

そして7年に及ぶ真相究明会の活動、4年8か月に及ぶ国賠訴訟のなか

で明らかになったこと、とりわけ訴訟が提起されなければ開示されることのなかった地検文書や海自報告書全文によって、「おおすみ」の落ち度は明確になっていると思われる。

「とびうお」右転説は崩れた。

「おおすみ」乗員は誰も「とびうお」右転を見たと明確に証言できなかった。

　阿多田島からの目撃者は雲隠れした。

「とびうお」が右転しなければならない必然性は何もない。

「おおすみ」が衝突の原因を作った。

「おおすみ」は180度に転針した後、「とびうお」と針路が交差することを知りながら、第1戦速という高速のまま航行した。

　艦長の注意指示は当直士官に伝わっていなかった。

　レーダーで発見できなかったのは海面反射のためでなく、レーダー調整が不適切なためだった。

　見張員は目標を発見するのに手間取った。

　減速も警告信号も遅きに失した。

　キックで回避するなら逆方向だった。

　これらの「落ち度」は、決して単なる個人の技量の問題ではない。このような自衛艦の航行を許している海上自衛隊の態勢自体が問題なのではないか。

　呉や横須賀のような周辺の海上交通の輻輳する港を拠点にしている自衛艦が、海技免状でなく海上自衛隊独自の資格で大型艦を動かしていいのか。民間船の乗員と肩を並べてシーマンシップを学んだ上で海技免状を得るべきではないか。

　平時に巡航速度を超える速度で航行する必要はないのではないか。高速運航の訓練が必要だとしても、危険な訓練は民間船のいない海域で行うべきではないか。

　装備は戦闘力よりもまず安全運航を優先して、最新のものを備えるべきではないか。島の多い海域では能力の落ちるレーダーでいいのか。全艦に

ただちに連絡が取れる通信設備がなくていいのか。艦橋音響等記録装置は
もっと性能の良いものでないと役に立たないのではないか。

　定員割れでの航行が常態になっているのは異常ではないのか。

　操艦教範等のマニュアルは民間の意見も入れて、海上交通の実態に即し
て改善すべきではないか。

　自前の事故調査をきちんと行い、問題点があれば公表し、規則違反には
厳正な処分をすべきではないか。

　軍事機密の壁に逃げず、事故調査では率先してデータを出すべきではな
いか。

　間違っても民間船、小型船に優先する権利があるなどという慢心は、あっ
てはならないのではないか。

　僭越ながら海上自衛隊の態勢に関するこれらの指摘は、心あるすべての
海上自衛隊員と共有できるはずのものと信ずる。

「おおすみ事件」国賠訴訟が、海の平和と安全を守るための基石のひとつ
となることを望みます。

　広島地方裁判所に、公正な判決を求めます。

あとがき

　日本の貿易量の99パーセント以上は海運によるものとされています。食糧も石油も、そのほとんどは海を渡って運ばれて来るのですね。海の平和と安全は即、私たちの日常生活にかかわる問題だということになります。

　安全保障問題で発言を続けてきた私が海難事故に注目し、とりわけ軍艦・自衛艦と民間船との衝突事故の真相究明・被害者救援運動に関わったのは、1988年の「なだしお事件」からのことでした。そして今回の「おおすみ事件」の経過を7年にわたってつぶさに見てきて感じるのは、再発防止への歩みが遅々として進まない、時には逆行しているとしか思えないことへのいらだちです。

　2008年の「あたご事件」国会審議で、鳩山由紀夫議員が質問しました。「そこのけそこのけイージス艦が通る。……根底の心の中にですが、官尊民卑の発想があるのではないか」。石破茂防衛大臣が答えました。「そういう意識を私は持っていないと思いますが、もう一度徹底をしなければいけない」。「おおすみ事件」では刑事裁判は不要とされました。国家賠償請求訴訟で再び「おおすみ」にお咎めなしという判決が下されるなら、自衛艦の「そこのけ」運航にお墨付きを与えることになるのではないかと危惧します。

　海上自衛隊が強大になり世界有数の海軍へと脱皮していく中で、おざなりにされていることがいくつかあると思います。そのために民間人に被害が出ており、自衛隊員も苦しんでいる。どこを改善すべきかについての私の考えの一端は、本書本文の末尾に書きました。

　自衛艦が模範的な操艦で海に働く人々から尊敬される日が、いつか来るのでしょうか。

　「おおすみ事件」の真相を求めて7年をともに歩んだ、最後まであきらめない原告のみなさん、田川俊一先生、池上忍先生をはじめとする弁護団の

みなさん、そして皆川恵史さん、松村節夫さんをはじめとする真相究明会のみなさん、全員のお名前を挙げることができずに失礼いたしますが、おかげさまで本書をまとめることができました。ありがとうございます。

そしてマスメディアが「おおすみ事件」をほとんど報道しなくなった後も私の中間報告を掲載してくださった、日本ジャーナリスト会議広島支部『広島ジャーナリスト』、平和に生きる権利の確立をめざす懇談会『へいけんこんブログ2』、羅針盤を発行する会『羅針盤』、市民の意見30の会・東京『市民の意見』の各編集部のみなさんにも、御礼を申し上げます。

無念のうちに亡くなった高森昶さん、栗栖紘枝さん、大竹宏治さん、大竹たみ子さん、伏田則人さんに本書を捧げます。

2021年1月20日　大内 要三

参考文献

『朝日新聞』『毎日新聞』「讀賣新聞」『中日新聞』『日本経済新聞』『東京新聞』『中国新聞』『産経新聞』『朝雲』

防衛省『防衛白書』各年版

海上保安庁『海上保安レポート』各年版

『海上自衛官　勤務参考』2018 年版　暁書館、2018 年

田川俊一編著『検証・潜水艦なだしお事件』東研出版、1994 年

ピーター・アーリンダー、薄井雅子『えひめ丸事件　語られざる事実を追う』新日本出版社、2006 年

大内要三『あたご事件　イージス艦・漁船衝突事件の全過程』本の泉社、2014 年

河野克俊『統合幕僚長　我がリーダーの心得』ワック株式会社、2020 年

岩井聰『新訂操船論』海文堂、1978 年

本田啓之輔『操船通論』8 訂版　成山堂、2008 年

小川洋一『船舶衝突の裁決例と解説』成山堂、2002 年

井上欣三『操船の理論と実際』成山堂、2011 年

橋本進、矢吹英雄、岡崎忠胤『操船の基礎』2 改訂　海文堂、2012 年

福井淡、岩瀬潔『図説　海上衝突予防法』第 19 版　海文堂、2012 年

海上保安庁交通部安全課監『図解　海上衝突予防法』9 訂版　成山堂　2014 年

海上保安庁監『海上衝突予防法の解説』改定 9 版　海文堂、2017 年

海人社編「新型輸送艦おおすみを解剖する　おおすみのすべて」『世界の艦船』1998 年 8 月号

中矢潤「我が国に必要な水陸両用作戦能力とその運用上の課題　米軍の水陸両用作戦能力の調査、分析を踏まえて」『海幹校戦略研究』2 巻 2 号（2012 年 12 月）

文谷数重「海上輸送力の裏付けがない陸上自衛隊『水陸機動団』」『軍事研究』2014 年 7 月号

特集「島嶼防衛・奪還作戦入門」『J SHIPS』63 号（2015 年 8 月）

香田洋二「初の空母型自衛艦「おおすみ」型の建造経緯」『世界の艦船』2019 年 11 月号

大内要三「真相究明阻む秘密・隠蔽体質　軍艦と民間船衝突事件を追う」『広島ジャーナリスト』18号（2014年9月）

平譲二「見通し良い海、なぜ衝突　おおすみ事故　関係者証言食い違う」『広島ジャーナリスト』18号（2014年9月）

大内要三「刑事裁判で原因究明・責任追及を」『広島ジャーナリスト』24号（2016年3月）

山本眞直「海自大型輸送艦『おおすみ』不起訴で問われる司法」『前衛』2016年3月号

大内要三「『おおすみ事件』不起訴処分の見直しを」『へいけんこんブログ2』2016年4月

大内要三「おおすみ事件、検察審査会の議決について」『へいけんこんブログ2』2016年11月

大内要三「自衛艦衝突、裁判で真相究明　国賠求め釣り船遺族ら提訴」『広島ジャーナリスト』27号（2016年12月）

大内要三「おおすみ事件国賠訴訟傍聴記」『へいけんこんブログ2』2016年12月

大内要三、田川俊一、栗栖紘江、皆川恵史「『おおすみ事件』報告集会の記録」『へいけんこんブログ2』2017年2月

大内要三「『おおすみ』国賠訴訟に新展開　見張り・レーダー監視・操艦の実態明らかに」『広島ジャーナリスト』28号（2017年3月）

西村知久「船橋の前後位置が衝突のおそれの判断に及ぼす影響　輸送艦おおすみ・プレジャーボートとびうお衝突事例」『日本航海学会論文集』136巻（2017年7月）

岩瀬潔、遠藤小百合「事例研究　輸送艦『おおすみ』プレジャーボート『とびうお』衝突　事件（I）」『海技教育機構研究報告』60号（2017年3月）

三宅勝久「『釣り船責任説』の海自輸送艦衝突事故に新事実　『おおすみ』が危険認識しながら全速航行し衝突か」『週刊金曜日』2017年10月27日号

栗栖紘枝「真相究明の運動の輪を広げてほしい」『羅針盤』23号（2017年11月）

岩瀬潔、遠藤小百合「事例研究　輸送艦『おおすみ』プレジャーボート『とびうお』衝突事件（II）」『海技教育機構論文集』2号（2018年3月）

三宅勝久「海自輸送艦『おおすみ』衝突事故5年目の真相　海自の責任を不問にした奇妙な『釣り船が急に右転』主因説　上」『My News Japan』2018年9月12日

三宅勝久「海自輸送艦『おおすみ』衝突事故5年目の真相　『釣り船が急に右転』の目撃証言に重大矛盾」『My News Japan』2018年10月2日

大内要三「『おおすみ事件』の真相究明と国家賠償を求める」『市民の意見』173号（2019年4月）

編集部「自衛艦おおすみ・釣船とびうお衝突事件　国家賠償請求裁判、証人尋問へ」『羅針盤』30号（2020年3月）

柿山朗「おおすみ裁判　実務者の目で見る裁判傍聴記」『羅針盤』30号（2020年3月）

三宅勝久「海自輸送艦おおすみ事故、新事実発覚で浮上する『死人に口なし』責任転嫁工作疑惑　海自艦側の"あおり航海で追突"が真相か」『『My News Japan』2020年4月3日

大内要三「おおすみ事件国賠訴訟、証人尋問へ」『羅針盤』31号（2020年7月）

三宅勝久「海自輸送艦『おおすみ』衝突事故、国の主張ゆるがす証拠発覚」『週刊金曜日』2020年7月21日号

大内要三「自衛艦おおすみ事件国賠訴訟、証人尋問を傍聴して」『羅針盤』32号（2020年11月）

柿山朗「〈おおすみ裁判〉証人出廷して思うこと」『羅針盤』32号（2020年11月）

大内 要三（おおうち ようぞう）

1947年千葉県生まれ、日本ジャーナリスト会議会員。著書『日米安保は必要か？　安保条約の条文を読んで見えてきたこと』（2011年、窓社）、『あたご事件　イージス艦・漁船衝突事件の全過程』（2014年、本の泉社）ほか。共著『軍の論理と有事法制』（2003年、日本評論社）、『新防衛計画大綱と憲法第9条』（2019年、九条の会ブックレット）ほか。

おおすみ事件

輸送艦・釣船衝突事件の真相を求めて

2021年　2月28日　初版第1刷発行

著　者　大内 要三

発行者　新舩 海三郎

発行所　株式会社 本の泉社

〒113-0033　東京都文京区本郷2-25-6

TEL：03-5800-8494　FAX：03-5800-5353

http://www.honnoizumi.co.jp

DTP　杵鞭 真一

印刷　亜細亜印刷株式会社

製本　亜細亜印刷株式会社